BURACOS BRANCOS

Carlo Rovelli

Buracos brancos
Dentro do horizonte

TRADUÇÃO
Silvana Cobucci

Copyright © 2023 by Adelphi Edizioni S.p.A., Milão — www.adelphi.it
Publicado mediante acordo com a Ute Körner Literary Agent, Barcelona — www.uklitag.com

Grafia atualizada segundo o Acordo Ortográfico da Língua Portuguesa de 1990, que entrou em vigor no Brasil em 2009.

Título original
Buchi bianchi: Dentro l'orizzonte

Capa
Jason Booher

Revisão técnica
Alexandre Cherman

Preparação
Camila Zanon

Índice remissivo
Gabriella Russano

Revisão
Clara Diament
Luís Eduardo Gonçalves

Dados Internacionais de Catalogação na Publicação (CIP)
(Câmara Brasileira do Livro, SP, Brasil)

    Rovelli, Carlo
        Buracos brancos : Dentro do horizonte / Carlo Rovelli ; tradução Silvana Cobucci. — 1ª ed. — Rio de Janeiro : Objetiva, 2024.

        Título original: Buchi bianchi: Dentro l'orizzonte.
    ISBN 978-85-390-0805-6

        1. Buracos brancos (Astronomia) 2. Buracos negros (Astronomia) 3. Cosmologia quântica I. Título.

24-188701   CDD-523.1

Índice para catálogo sistemático:
1. Cosmologia : Astronomia   523.1

Cibele Maria Dias – Bibliotecária – CRB-8/9427

Todos os direitos desta edição reservados à
EDITORA SCHWARCZ S.A.
Praça Floriano, 19, sala 3001 — Cinelândia
20031-050 — Rio de Janeiro — RJ
Telefone: (21) 3993-7510
www.companhiadasletras.com.br
www.blogdacompanhia.com.br
facebook.com/editoraobjetiva
instagram.com/editora_objetiva
twitter.com/edobjetiva

Para Francesca, companheira de ciência e de sonhos

A mais bela experiência que podemos ter é o sentido do mistério. É a emoção fundamental, o berço da verdadeira arte e da verdadeira ciência. Quem não sabe e já não consegue se surpreender está praticamente morto e tem os olhos ofuscados.

Albert Einstein

Sumário

PRIMEIRA PARTE 11
SEGUNDA PARTE 51
TERCEIRA PARTE 75

Notas 109
Créditos das imagens 113
Índice remissivo 115

Primeira Parte

1.

O passo mais difícil é começar. As primeiras palavras abrem um espaço. Como o primeiro olhar da garota por quem estamos prestes a nos apaixonar: apostamos a vida no esboço de um sorriso. Hesitei bastante antes de começar a escrever. Estava passeando no bosque atrás da minha casa, aqui no Canadá, e ainda não sabia para onde iria.

Há alguns anos minha pesquisa tem se concentrado nos buracos brancos, furtivos irmãos caçulas dos buracos negros. Este é o meu livro sobre eles. Procuro explicar como são formados os buracos negros, que existem às centenas no céu. O que acontece na fronteira dessas estranhas estrelas, o *horizonte*, onde o tempo parece reduzir a marcha até quase parar e o espaço se romper. Depois, mais para baixo, lá dentro das regiões mais internas, até onde tempo e espaço se dissolvem. Até onde se tem a impressão de retroceder no tempo. Até onde nascem os buracos brancos.

este é o relato de uma aventura em andamento. como todo início de viagem, não sei bem para onde levará. não posso perguntar àquele primeiro sorriso onde vamos morar juntos... tenho em mente um plano de voo: chegamos à fronteira do horizonte. entramos. descemos até lá embaixo. atravessamos o fundo — como alice atravessou o espelho —, reemergimos no buraco branco. perguntamo-nos o que acontece quando o tempo retrocede... por fim saímos para rever as estrelas, as nossas mesmas estrelas, depois de um tempo que é de alguns segundos e, simultaneamente, de milhões de anos. ou o tempo de ler as poucas páginas deste livro.

vocês vêm comigo?

* * *

Marselha. Hal está em meu escritório, de pé na frente da lousa. Estou sentado à escrivaninha, numa grande cadeira reclinável, com os cotovelos na mesa, os olhos fixos nele. A luz clara e deslumbrante do Mediterrâneo entra pela janela. Assim começa minha aventura com os buracos brancos.

Hal é norte-americano, acho que tem um pouco de sangue cheroqui. Talvez seja o sangue que lhe dá a doçura com que disfarça o brilhantismo de suas ideias. Hoje leciona numa faculdade, mas na época ainda era estudante. Gentil, preciso, com seu jeito tranquilo de jovem muito maduro. Está tentando me dizer algo que não entendo. Uma ideia sobre o que pode acontecer a um buraco negro no momento preciso em que sua longa vida termina.

Lembro-me das suas palavras: se invertemos o tempo, as equações de Einstein não mudam; para ter um rebote, invertemos o tempo e colamos as soluções. Estou confuso.

De repente, entendo o que ele está querendo dizer. Uau! (Sou italiano, não consigo me manter calmo como um cheroqui.) Vou até a lousa e faço um desenho. Meu coração está acelerado.

Ele pensa: sim, é mais ou menos isso. Eu: é um buraco negro que se transforma em branco pelo *tunelamento* quântico no interior, mas no exterior pode continuar igual... Pensa mais um pouco: sim... não sei... você acha que poderia funcionar?

Funcionou. Ao menos na teoria. Passaram-se nove anos desde aquela conversa sob a luz clara de Marselha. Continuei a trabalhar na hipótese de que os buracos negros podem se transformar em buracos brancos. Estudantes e colegas, cada vez mais numerosos, me acompanharam. É uma ideia que me parece lindíssima. É a ideia que quero contar.

Não sei se é correta. Nem ao menos sei se os buracos brancos existem de verdade, no mundo real. Sabemos muito sobre os buracos negros — nós os detectamos —, mas ninguém jamais encontrou buracos brancos.

Quando eu estudava em Pádua para o doutorado, Mario Tonin era nosso professor de física teórica e nos dizia que, a seu ver, toda semana o bom Deus lê a *Physical Review D*, a famosa revista de física. Quando encontra uma ideia de que gosta, zás!, a põe em prática, rearranjando as leis universais. Se é assim, querido Deus, gostaria muito que Você a realizasse: faça com que os buracos negros se transformem em brancos...

* * *

releio as linhas anteriores. o relato do meu primeiro encontro com os buracos brancos. quero explicar tudo organizadamente. o que são os objetos de que Hal e eu falávamos. o que sabemos deles, o que não sabemos. qual era o problema que queríamos resolver. qual é a ideia de Hal e o que ela implica. o que significa inverter o tempo (nada de complicado) e o que significa o tempo ter uma direção (isso é mais complicado).

Hal.

se vierem comigo, vamos chegar à fronteira do horizonte de um buraco negro, entrar, descer até o fundo, onde espaço e tempo se dissolvem, atravessá-lo, desembocar no buraco branco, onde o tempo é invertido, e dali sair no futuro.
vamos partir, então, rumo aos buracos brancos.

2.

Ou melhor, vamos partir rumo aos buracos negros: para entender o que são os buracos brancos, primeiro precisamos ter clareza sobre o que são os buracos negros. O que é um buraco negro?

O primeiro a errar foi Einstein. Em 1915, dez anos depois de um estudo insano e desesperado, Albert Einstein publicou as equações finais da sua teoria mais importante, a relatividade geral, hoje ensinada em todas as universidades do mundo.

Passadas apenas algumas semanas, recebeu uma carta de um jovem colega, Karl Schwarzschild, então tenente do Exército alemão, que morreria poucos meses depois, em consequência das dificuldades da guerra no front oriental.

A carta terminava com estas palavras belíssimas: "Como vê, apesar do fogo incessante das armas, a guerra me tratou com gentileza suficiente para me permitir ficar longe de tudo aquilo e aproveitar essa bela caminhada na terra de suas ideias". Uma caminhada na terra de suas ideias.

A caminhada de Schwarzschild na terra das ideias de Einstein, durante as pausas dos combates no front oriental, entre os cadáveres dos jovens alemães e russos trucidados pela estupidez humana, tão disseminada na época como agora — o que há de mais tolo do que morrer por uma fronteira? —, produziu uma solução exata das equações que Einstein acabara de publicar.

Essas equações (a única fórmula no meu livrinho *Sete breves lições de física*) lhe custaram caro: temos vestígio disso numa sequência de artigos, cada qual com uma versão diferente das equações, todas erradas. Ninguém se torna Einstein se não tem a coragem de publicar coisas equivocadas.

Em 1915, as equações são finalmente as certas. Aquelas que nas décadas seguintes convencerão os físicos a rever suas ideias sobre a natureza do espaço e do tempo, a compreender que os relógios andam mais rápido na montanha que na planície, que o universo se expande, que há ondas de espaço etc. São as equações que hoje usamos para estudar o cosmos, talvez as mais belas da física.

Nestas páginas, teremos uma relação estreita mas complicada com essas equações: elas serão o nosso guia, como Virgílio foi o guia de Dante, porque resumem tudo o que de melhor entendemos sobre espaço, tempo e gravidade. São o instrumento que usamos para compreender. Elas nos dizem o que esperar na fronteira de um buraco negro e em seu interior. Nos dizem o que são os buracos brancos. Nos mostram o caminho por estranhas paisagens. Mas todo o sentido da história que estou prestes a contar é ver o que acontece *onde essas equações já não funcionam*. Onde é necessário abandoná-las. A ciência é assim. Na metade do caminho, teremos de abandonar a guia reconfortante dessas equações e nos deixar encantar por algo mais doce. No fundo, Dante também faz isso na metade de sua viagem: ele também deixa Virgílio e se entrega a algo mais doce.

Voltemos a Schwarzschild. A solução que ele anuncia na carta a Einstein está hoje em todos os manuais universitários. Descreve o que acontece ao espaço e ao tempo em torno de uma massa; por exemplo, em torno da Terra ou do Sol. O efeito da gravidade é encurvar o espaço e o tempo (em breve tentarei explicar melhor o que isso significa). É esse encurvamento do espaço e do tempo que faz com que os corpos caiam na direção da Terra e que os planetas girem em torno do Sol: é a razão da força da gravidade.

A questão estudada por Schwarzschild era sobre como as coisas se movem por efeito da gravidade em torno de algo pesado como a Terra ou o Sol. Ao estudar essa mesma questão, três séculos antes, Newton abriu o caminho para a ciência moderna. Einstein e Schwarzschild corrigem Newton: melhoram suas previsões sobre como as coisas se movem em torno das massas. A solução encontrada por Schwarzschild, contudo, além de algumas pequenas correções nos movimentos dos planetas, também prevê algo radicalmente novo e muito estranho. Se a massa é extremamente concentrada, forma-se em torno dela uma concha, uma superfície esférica, onde tudo se torna bizarro: aqui, os relógios — que desaceleram sempre que estão perto de qualquer massa — chegam até a parar. O tempo congela. Deixa de passar. O espaço, por sua vez, se estende na direção da massa, esticando-se como um longo funil, e sobre essa bizarra superfície esférica o estiramento se transforma num rasgo: agora os pontos dentro dela já estão infinitamente distantes.

Tempo que para, espaço que se rasga... tudo isso parece esquisito e desconexo. Einstein, com razão, conclui que essas coisas não são sensatas: essa superfície absurda não existe na realidade.

De fato, fazendo alguns cálculos, percebe-se que, para que essa superfície se forme, é necessário esmagar uma massa de maneira absurda. Para que essa superfície se forme em torno da Terra, por exemplo, seria preciso esmagá-la toda dentro de um volume do tamanho de uma bolinha de pingue-pongue! Absurdo. Tudo isso — conclui Einstein — não tem interesse algum: não é possível concentrar uma massa a ponto de formar essa estranha concha.

Ele estava errado. Não confiava o bastante nas suas equações. Não tinha a coragem de acreditar nas estranhas implicações de sua própria teoria. Hoje sabemos que massas tão concentradas existem. Há bilhões e bilhões delas no céu. São os buracos negros.

Os astrônomos têm revelado buracos negros com poucos quilômetros e buracos negros colossais, tão grandes quanto o sistema solar. Também pode haver pequenos (como uma bolinha de pingue-pongue) ou muito pequenos (com o peso de um fio de cabelo), mas ainda não detectamos buracos negros pequenos. Por enquanto.

A maioria dos buracos negros encontrados no céu nasceu de estrelas que não produzem mais energia. São estrelas grandes, tão pesadas que seu peso as esmagaria sobre si mesmas se não produzissem energia. As estrelas fundem o hidrogênio de que são feitas, transformando-o em hélio. O calor produzido por essa combustão gera uma pressão que contrabalança o peso da estrela e a impede de ser esmagada por ele. Desse modo, a estrela continua a viver por bilhões de anos.

Mas nada é eterno. No fim, o hidrogênio acaba, transformando-se inteiramente em hélio e em outras cinzas que já não queimam: a estrela parece um carro sem gasolina. A temperatura cai, o peso começa a prevalecer. A estrela se esmaga sob o efeito da gravidade. A força de gravidade numa estrela grande é imensa, nem sequer a rocha mais dura resiste à sua pressão. Já não existe nada para impedir que a estrela afunde sobre si mesma. Assim, ela afunda dentro de seu horizonte. Formou-se um buraco negro.

* * *

Em 1928, antes de compreendermos essas coisas, a companhia telefônica Bell contratou um físico de 23 anos, Karl Jansky, para estudar os ruídos que interferiam nas comunicações por rádio. Jansky construiu uma antena rudimentar de trinta metros: uma estranha grade de hastes de metal montada sobre rodas, que podia girar em todas as direções. Os colegas lhe deram o apelido de "Jansky's merry-go-round", o "carrossel de Jansky". Aqui está ela:

Com essa antena, Jansky gravou todos os sinais de rádio que encontrava: relâmpagos de tempestades passageiras, ruídos causados por antenas de rádio etc. Entre eles, encontrou um curioso sinal regular, uma espécie de chiado, captado a cada volta do carrossel:

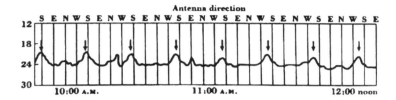

A irmã de Jansky diz que o pai os criou repetindo: "perguntem sobre tudo!". Jansky investigou esse chiado por mais de um ano. Ele aumentava e diminuía de intensidade a cada 24 horas, o que levou Jansky a pensar que provinha do Sol, uma vez que o astro passa sobre nós a cada 24 horas. Mas o diabo sempre está nos detalhes: continuando a estudar o chiado com precisão, ele se deu conta de que o período não era de 24 horas, mas um pouco mais curto: 23 horas e 56 minutos. Isso significava que o sinal mais forte não acontecia sempre à mesma hora. Adiantava-se pouco a pouco, como um relógio que atrasa lentamente. Estranho. Não podia ser o Sol...

Até que um colega astrônomo o levou a notar que 23 horas e 56 minutos é o período de rotação *das estrelas* ao nosso redor. (As estrelas demoram um pouco menos que o Sol para girar no céu, porque a Terra e o Sol dançam um em torno do outro com uma volta de valsa ao ano.) O misterioso sinal de rádio, portanto, só podia vir das estrelas! É fácil identificar a direção: ele vem das estrelas para as quais a antena está orientada quando o sinal atinge seu pico. Consultando um atlas celeste: vem do centro da nossa galáxia...

A notícia foi tão impactante que acabou saindo no *New York Times*. Título: "Ondas de rádio vêm do centro da galáxia". Em 15 de maio de 1933, a rádio NBC, ouvida por milhões de norte--americanos, transmitiu ao vivo o chiado proveniente das estrelas e uma entrevista com Jansky. "Boa noite, senhoras e senhores. Esta noite vocês vão ouvir ao vivo impulsos de rádio recebidos de fora do sistema solar, de algum lugar entre as estrelas." Jansky explicou a todos que o sinal vinha do centro da galáxia. O locutor comentou que a potência de um sinal emitido a 30 mil anos-luz de distância devia ser "imensa" para poder chegar até nós... "deve ser milhões de milhões de vezes mais potente que qualquer estação de rádio na Terra...".

Cinco dias antes, em 10 de maio de 1933, na Opernplatz de Berlim, acontecera a maior queima nazista de livros. Entre os livros queimados estavam os de Vladímir Maiakóvski ("meu verso chegará, não [...] como a luz das estrelas decrépitas")* e os livros de e sobre Albert Einstein. Oitenta anos mais tarde, graças às ideias presentes naqueles livros, sabemos o que é o chiado misterioso ouvido por milhões de norte-americanos: é a radiação emitida pela matéria incandescente que, antes de cair dentro dele, rodopia furiosamente em torno de um colossal buraco negro que está no centro da nossa galáxia. Um buraco negro do tamanho de toda a órbita da Terra, com uma massa 4 milhões de vezes maior que a de nosso Sol.

estou na terceira revisão destas páginas e justamente hoje os astrônomos publicaram uma imagem desse buraco negro que está no centro da galáxia. a imagem mostra a matéria incandescente que

---

* Vladímir Maiakóvski, "A plenos pulmões". In: ____. *Maiakóvski: Poemas*. Trad. de Haroldo de Campos. São Paulo: Perspectiva, 1982. (N. E.)

gira em torno dele a pouca distância, gerando a radiação captada há um século pela antena de jansky. ei-la:

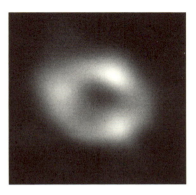

para mim, é uma emoção olhar essa imagem. estudei os buracos negros a vida inteira, sem saber se eles realmente existiam... agora tenho uma imagem direta deles. jamais imaginaria isso quando era um estudante universitário...

Há apenas vinte anos, muitos duvidavam da existência de buracos negros. Em janeiro de 2000, me mudei dos Estados Unidos para a França; meu novo diretor de departamento me perguntou: "Você realmente acredita na existência dos buracos negros?". Agora ele também reconsiderou sua postura. Não é uma crítica, é a beleza da ciência, não há nada de errado em mudar de opinião: estamos sempre aprendendo. Os melhores cientistas são os que repensam frequentemente as próprias ideias, como fazia Einstein.

Na imagem acima, o buraco negro propriamente dito, ou melhor, o *horizonte* — a bizarra superfície que o cerca —, é o pequeno disco escuro na região central, no meio da matéria incandescente que gira em torno dele.

O horizonte será a nossa porta de entrada.

3.

Aproximemo-nos, portanto, desse limiar, o horizonte. O que acontece no horizonte de um grande buraco negro, além da matéria que gira de maneira tão violenta e se torna tão incandescente a ponto de ser perceptível para uma grade de hastes de ferro a 30 mil anos-luz de distância?

Foram necessárias décadas para compreender o que acontece no horizonte. Einstein não foi o único a não ter entendido nada. Físicos e astrofísicos ficaram confusos por muito tempo. Os horizontes só começaram a ser decifrados na segunda metade do século passado. Muitos colegas se confundem ainda hoje.

Vamos ver do que se trata, portanto.

Num texto intitulado *O sonho*, Kepler, o primeiro a entender como os planetas giram em torno do Sol, conta que sua mãe o levava para passear pelo sistema solar montado numa vassoura, para fazê-lo ver de perto o Sol e os planetas.

A mãe de Kepler foi processada por bruxaria. Caso se perguntem se ela era realmente uma bruxa: no processo, defendida pelo filho, foi absolvida.

Kepler queria ir ver. Ir ver, nisso consiste a ciência. Ter a curiosidade de ir aonde jamais estivemos. Usando matemática, intuição, lógica, imaginação, reflexão. Passeando pelo sistema solar, no coração dos átomos, dentro de células vivas, nas convoluções dos neurônios de nosso cérebro, além do horizonte dos buracos negros... Ir ver com os olhos da mente.

* * *

Na Terra, chamamos de "horizonte" a linha distante além da qual não conseguimos ver. No entanto, se embarcamos num navio e navegamos rumo àquela linha, podemos atravessá-la: podemos ir *além* do horizonte. Atravessando-a, não acontece nada de especial. Desaparecemos da vista de quem nos olha da costa, sem que isso implique qualquer evento especial no navio (ou há uma festa, como em algumas tradições marítimas).

Surpresa: isso também se aplica ao horizonte de um buraco negro. Viajando numa nave espacial, podemos nos aproximar do horizonte o quanto quisermos. Chegar até lá. Atravessá-lo. Não nos acontece nada de especial. Nossos relógios continuam a funcionar em seu ritmo normal, as distâncias ao nosso redor continuam as mesmas.

O que acontece quando entramos no horizonte do buraco negro é que, de longe, os nossos amigos não nos veem mais. Estamos além do horizonte *deles*. Como para o navio que desapareceu além do horizonte no mar. Se, depois de atravessar o horizonte do buraco negro, tentamos enviar um raio de luz para trás, para fora, para que nos vejam, o raio de luz não sai. Fica preso no interior da concha do horizonte. Não chega aos nossos amigos distantes. No interior do horizonte, a força de atração da gravidade é tão forte que engole até a luz.

* * *

Então por que a solução encontrada por Schwarzschild indicava que no horizonte os relógios param e o espaço se rasga, confundindo Einstein e todos os outros? Se é possível atravessar o horizonte, e se ali tudo é normal, a solução de Schwarzschild estava errada?

Não, não estava errada. Apenas escrita da perspectiva de quem está longe do horizonte. A solução de Schwarzschild é como uma carta geográfica do espaço *fora do horizonte*. Nas cartas geográficas — como se sabe — acontecem coisas estranhas. Peguem um mapa da Terra formado por dois discos:

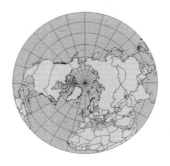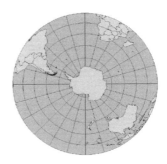

O equador parece ser um lugar muito especial: a fronteira do mundo onde a superfície da Terra se interrompe. Na realidade, nada se interrompe no equador, e ali não acontece nada de especial (exceto o calor). A superfície da Terra não é plana, e, desse modo, não cabe num único mapa, mas não termina na borda do mapa. O espaço-tempo não é plano, e portanto não cabe num único mapa, mas não termina na borda da solução de Schwarzschild.

Isso aconteceu com Einstein e com todos os outros: interpretaram mal a solução de Schwarzschild, como alguém que olha para o mapa acima e com base nele deduz que a Terra termina no equador. Dezenas de ótimos cientistas cometeram esse erro por décadas (e ainda há quem o faça, mesmo entre professores renomados).

Como se percebeu que era um erro? No fundo, ninguém ainda foi ver pessoalmente o que acontece no horizonte de um buraco negro...

Ninguém foi ver, mas temos a teoria. O mesmo conjunto de equações que dá lugar à solução de Schwarzschild *também* nos permite calcular o que acontece se nos aproximarmos do horizonte. O cálculo nem chega a ser muito difícil. Costumo dá-lo como exercício aos meus alunos quando ensino relatividade geral.

Mas foi preciso tempo para que alguém pensasse em fazê-lo e entendesse o seu significado.

O primeiro a dar esse passo foi David Finkelstein, em 1958, quando eu tinha dois anos. Finkelstein era um cientista muito culto, com interesses que variavam entre política, arte, música e ciência. Era capaz de um pensamento profundo e ousado. Deixou-nos há poucos anos, em 2016. Tive a sorte de encontrá-lo nos seus últimos anos de vida: uma longa barba de profeta, com uma postura oscilando entre o solene e o descontraído. Um daqueles raros cientistas que abrem novos caminhos para o pensamento. Vamos reencontrá-lo mais adiante nesta história.

David Finkelstein.

Assim, em 1958, Finkelstein publicou um belíssimo trabalho em que esclareceu o que é o horizonte.[1] O título é *A assimetria entre passado e futuro no campo gravitacional de uma partícula puntiforme*. Parece um título técnico, mas não se esqueçam dele: a ideia presente nesse título será a pedra angular desta história. *A assimetria entre passado e futuro*.

O cálculo de Finkelstein mostra que, se nos aproximamos do horizonte e o ultrapassamos, nossos relógios *não* desaceleram, e *não* acontece nada de estranho no espaço ao nosso redor. Exatamente como não acontece nada de especial num navio quando ele atravessa a linha do horizonte e desaparece para os nossos olhos.

* * *

Então, por que na solução de Schwarzschild os relógios param? Porque a solução de Schwarzschild descreve o que acontece ali, mas *como é visto de longe*. De longe, os relógios *efetivamente* parecem desacelerar e parar quando chegam ao horizonte. E não existe contradição entre as duas perspectivas.

Vamos imaginar que viajamos para países em que os correios ficam cada vez mais lentos, e que todo dia enviamos uma carta para nosso pai. Ele receberá a carta a intervalos cada vez mais longos, porque chegamos a lugares em que os correios demoram mais tempo para expedi-las. Para ele, é como se reduzíssemos o nosso ritmo: no começo, ele recebe notícias diárias sobre a nossa jornada; depois, para saber o que aconteceu num único de nossos dias, ele precisa de vários dias, e depois de semanas... Para ele, é como se a nossa vida ficasse mais lenta.

Se então chegamos ao deserto, onde os correios não funcionam de modo algum, ele ficará apenas com a última carta enviada um instante antes de entrarmos ali, que chegará muito tempo depois. Para nosso pai, a borda do deserto é o lugar em que, *para ele*, o nosso tempo parou: o horizonte além do qual ele não nos vê mais. Continua a nos ver congelados na borda do deserto.

Algo parecido acontece se atravessamos o horizonte de um buraco negro. Se nosso pai nos observa indo rumo ao horizonte, verá os tique-taques do nosso relógio cada vez mais lentos, porque, à medida que nos aproximamos dali, a luz leva mais tempo para se afastar e chegar até ele. A luz fica retida perto do horizonte, retida pela gravidade, antes de conseguir se afastar. Se nosso pai continuar a esperar, verá momentos da nossa vida perto do horizonte cada vez mais lentos, até nos ver congelados no último instante antes de atravessá-lo.

No deserto, ou dentro do horizonte do buraco negro, continuamos a viver normalmente, mas nosso pai não recebe mais nada de nós, por mais que espere.

O tempo, em suma, não se congela *para quem está ali*. É olhando de longe que se vê desacelerar desproporcionalmente o que acontece perto do horizonte.

* * *

A analogia com as cartas enviadas à medida que nos aproximamos do deserto é boa, mas apenas em parte. A diferença é importante: se, em vez de entrar no deserto, retrocedemos e voltamos a abraçar nosso pai, as horas passadas desde a última vez que o vimos serão as mesmas para nós e para ele. Se ele estiver um ano mais velho, nós também estaremos um ano mais velhos.

Não é o que acontece com as distorções temporais perto do horizonte: estas são genuínas. Se nos aproximamos do horizonte, ficamos um pouco por ali e depois retornamos, o tempo passado *para nós* desde a última vez que vimos nosso pai até quando voltamos a abraçá-lo será *menor* que o tempo passado para ele. Ele terá envelhecido mais que nós.

Este não é um efeito de perspectiva; é a distorção real do tempo decorrente da gravidade: onde a gravidade é mais forte, o tempo passa mais lentamente do que onde ela é mais fraca. Isso é o que se pretende dizer ao afirmar que o espaço-tempo "se encurva". O tempo efetivamente transcorre de forma desigual em lugares diferentes.

* * *

Em resumo, perto do horizonte, o tempo desacelera porque, para quem nos observa de longe, nossos movimentos parecem ocorrer em câmera lenta, mas também porque, se voltamos para trás, para quem ficou distante terá passado mais tempo do que para nós. No entanto, o tempo não desacelera em outro sentido: se estamos ali, não percebemos nenhuma desaceleração. Para nós que estamos ali, o tempo passa normalmente.

Talvez, caro leitor, você queira perguntar qual é o tempo "verdadeiro": o do horizonte ou o de quem observa de longe? A resposta é: nenhum dos dois. A revolução de Einstein foi justamente entender que essa pergunta não faz sentido. É como perguntar quem está "acima" e quem está "abaixo" entre as regiões da Terra. Para cada pessoa, ela está acima e os outros estão abaixo. Cada lugar da Terra determina um "acima" e um "abaixo" diferentes... Perspectivas diferentes. Do mesmo modo, cada lugar do universo tem o seu próprio tempo. Lugares diferentes podem enviar sinais uns para os outros — como o chiado que recebemos do buraco negro do centro da nossa galáxia —, mas o tempo passa de forma desigual em lugares diferentes e nenhum tempo é mais verdadeiro que o outro.

A desaceleração do tempo perto do horizonte é, portanto, algo que diz respeito à *relação* entre como o tempo passa em lugares diferentes. O tempo no horizonte só parece parar em relação ao tempo de um observador distante.

A trama do mundo está nessas *relações* entre os tempos. Não existe tempo universal: a realidade é a rede tecida entre os vários tempos locais pela possibilidade de trocar sinais entre si. De perto, o horizonte é um lugar normal. De longe, é o lugar onde o tempo para.

David Finkelstein entendeu isso.

* * *

Filkenstein escreveu um artigo sobre uma famosa gravura de Dürer, mestre renascentista da perspectiva. A gravura é intitulada *Melancolia I*.

Albrecht Dürer, *Melancolia I*.

É uma obra complexa, repleta de símbolos. Não considero casual que o primeiro a compreender o horizonte dos buracos negros não tenha sido um famoso matemático de grande perícia técnica, mas alguém capaz de escrever sobre Albrecht Dürer e sobre a perspectiva no Renascimento.

A descoberta renascentista da perspectiva é também a descoberta geral do aspecto relativo da realidade. A ambiguidade da gravura reflete e narra essa ambiguidade entre as perspectivas. Na leitura que Filkenstein faz dela, Dürer retrata a melancolia dos que se esforçam inutilmente para alcançar a verdade e a beleza absolutas. Se tudo aquilo a que temos acesso é relativo, não podemos chegar a uma verdade universal e absoluta. A impossibilidade de alcançar o absoluto é — para Dürer, interpretado por Filkenstein — a fonte da nossa melancolia.

(não o é para mim. ao contrário: parece-me a fonte de uma suave vertigem. a vertigem da leveza, da inconsistência do tênue real de que fazemos parte...)

4.

Estamos prestes a atravessar o horizonte e observar o buraco negro de dentro. Antes de entrar, contudo, permitam-me ainda uma divagação (podem pular, se quiserem).

Apenas *nos aproximamos*, ainda não entramos, e já encontramos algo que nos desconcerta: a relatividade do tempo. Um fato comprovado, mas que continua a ser uma ideia difícil de digerir, talvez a mais difícil, para a viagem que estamos realizando.

Dante também encontra a maior dificuldade antes de passar pela soleira fatal — as três feras. Como qualquer viajante, ele sabe que o primeiro passo é o mais difícil: abandonar os caminhos conhecidos.

Como ideias bizarras como a relatividade do tempo nascem e se tornam verossímeis?

Saltos conceituais como esse não são novidades da ciência contemporânea. Pelo contrário, formam uma corrente profunda que sempre alimentou a ampliação do nosso conhecimento do mundo. É a maneira como aprendemos de verdade: mudando algumas de nossas ideias básicas que pareciam óbvias.

Entendemos que a Terra é redonda (há 2 mil anos); compreendemos que se move (há meio milênio). À primeira vista, são ideias absurdas. A Terra parece plana e imóvel. Para digerir conceitos como esses, a dificuldade não foi a ideia nova: foi se libertar de uma antiga crença que parecia óbvia; questioná-la parecia inconcebível. Estamos sempre convencidos de que as nossas intuições naturais são corretas: é *isso* que nos impede de aprender.

A dificuldade, portanto, não é aprender, é desaprender. No grande livro de Galileu, o *Diálogo sobre os dois máximos sistemas do mundo ptolomaico e copernicano*, a maioria das páginas não é dedicada a argumentar que a Terra gira. É dedicada a demolir a intuição arraigada de que é inconcebível que ela se mova.

Para chegar à relatividade do tempo foram necessários 26 séculos de saltos parecidos. Vou resumi-los num voo muito rápido sobre dois milênios e meio de pensamento:

1. *Anaximandro* (século VI AEC) é o primeiro: pensa que, se o Sol, a Lua e as estrelas giram ao nosso redor, deve haver espaço livre também *sob* a Terra: *a Terra, portanto, está suspensa no vazio*.
2. *Aristóteles* (século IV AEC) observa que nos eclipses lunares se vê que o disco da Lua é apenas um pouco menor que o disco da sombra da Terra. Portanto, *a Lua é um grande corpo celeste*, apenas um pouco menor que a Terra.
3. *Aristarco* (século III AEC) nota que, quando a Lua está em sua fase de quarto, o ângulo entre o Sol e Lua no céu (α no desenho) é quase reto (tentem medi-lo no próximo quarto de Lua, é fácil). O triângulo Sol-Terra-Lua tem, portanto, dois ângulos quase retos (a Lua é iluminada pela metade).

Um triângulo com dois ângulos quase retos tem um vértice muito distante. Assim, o Sol está *muito* mais longe do que a Lua. Mas Sol e Lua parecem ser do mesmo tamanho no céu e, portanto, o Sol deve ser *muito* maior que a Lua, de modo que: *o Sol é gigantesco, muito maior que a Terra!* Desse modo, é razoável — sugere Aristarco há 23 séculos — supor que a pequena Terra dance em torno do gigantesco Sol, e não o contrário.

4. Será preciso esperar por *Copérnico* (século XVI) e por *Kepler* (século XVII) para que essa forma de pensar mostre sua eficácia ao explicar o movimento dos planetas. Mas será necessária a força retórica de *Galileu* (século XVII) no seu *Diálogo* para convencer a humanidade de que, contra a nossa intuição, efetivamente *a Terra se move*.

5. Com base nos resultados de Copérnico, Kepler e Galileu, *Newton* (século XVII), o maior dos cientistas, constrói a física moderna. Ele se pergunta o que mantém a Terra e os outros planetas em suas órbitas. Imagina que todos os objetos têm um movimento "natural" (uma ideia de Aristóteles), velocidade constante (uma ideia de Galileu), *num espaço físico descrito pela geometria de Euclides* (uma ideia sua), mas são desviados por "forças". Com magistral perícia matemática, mostra que *a força que mantém os planetas e a Lua em suas órbitas é a mesma "gravidade" que nos atrai para baixo*. A ideia de uma "força" que age à distância é o golpe de mestre de Newton. É uma primeira intuição de que há algo mais, além dos corpos materiais que colidem.

6. Estudando as forças elétricas e magnéticas, *Faraday* e *Maxwell* (século XIX) compreendem que as forças não são instantâneas. Há uma defasagem entre fonte e efeito: o tempo de trânsito da luz. A luz é rápida, os tempos são curtos: Newton *quase* tinha razão, o efeito é *quase* instantâneo.

Mas não exatamente. "Algo" difuso no espaço transporta a força de um corpo para outro gradualmente. Chamamos esse "algo", intuído por Faraday, de "campo físico": campos elétrico, magnético e gravitacional são as linhas das forças. Maxwell escreve as equações para os campos elétrico e magnético.
7. Ao buscar equações análogas para o campo da gravidade — aquelas para as quais Schwarzschild escreveu uma solução —, Einstein (século XX) tropeça na descoberta mais espetacular desde que Anaximandro compreendeu que a Terra navega no vazio sem estar apoiada em nada: *a geometria do espaço e do tempo*, medida por réguas e relógios, *é determinada precisamente por esse campo gravitacional*, o campo que carrega a força de gravidade. Desse modo, as equações para o campo gravitacional descrevem *também* (é a mesma coisa) como espaço e tempo se distorcem. *Assim, a gravidade é isto: uma distorção do tempo e do espaço*, influenciada pelas coisas. A distorção do espaço inclui a desaceleração dos relógios um em relação ao outro. Eis, portanto, como chegamos à distorção do tempo.

A massa da Terra desacelera o tempo nas suas proximidades. A desaceleração é pequena, mas relógios muito precisos nos permitem medi-la. Seu efeito mais visível é a gravidade que nos é familiar, a queda das coisas pesadas. Ela é uma consequência direta da desaceleração do tempo: é necessário um pouco de matemática para mostrar isso em detalhes, mas *uma pedra cai porque segue uma trajetória reta no espaço-tempo distorcido pela desaceleração local do tempo*.

Essa ideia mirabolante — a gravidade é o efeito da distorção do espaço e do tempo — é a teoria da relatividade geral de Einstein. Uma ideia muito simples (como a de Anaximandro) e descon-

certante (como a de Anaximandro) que põe em discussão algo que nos parecia óbvio: que a geometria do espaço físico deve ser a geometria euclidiana estudada na escola, e que o tempo passa do mesmo jeito em qualquer lugar.
Fim da divagação.[2]

5.

Chegamos. Estamos no limiar do horizonte. Vamos atravessá-lo. Graças a Finkelstein, não tememos que o mundo termine ali. Não é a primeira vez que palavras sombrias — "deixai toda esperança, ó vós que entrais"* — se revelaram indevidamente ameaçadoras.

Entremos, portanto, com a coragem de quem se lança rumo ao desconhecido. Com a voz de Ulisses nos ouvidos: "Não queirais recusar esta experiência seguindo o Sol, de um mundo vão de gente. Considerai a vossa procedência: não fostes feitos para viver quais brutos, mas pra buscar virtude e sapiência". Como os companheiros de Ulisses, "já são asas os nossos remos, na ousadia do voo".

Estamos no interior do buraco negro, "dentro do umbral secreto".

Se temos bons mapas estelares, podemos reconhecer que atravessamos o limiar além do qual é tarde demais para enviar notícias para casa. Tarde demais para frear e retroceder. Além do horizonte não sai nem mesmo a luz, e muito menos podemos voltar atrás. Por mais potentes que sejam os foguetes de que dispomos, agora não temos como impedir nossa queda rumo ao centro.

---

* Ao longo deste livro há várias citações de *A divina comédia*, de Dante Alighieri, todas retiradas da tradução de Italo Eugenio Mauro (São Paulo: Ed. 34, 1998). Como os dados de imprensa se repetem, deste ponto em diante elas serão indicadas apenas pelo uso de aspas. (N. E.)

Para poder sair, a nós "convém seguir outra viagem".

Com um pouco de atenção, podemos perceber que estamos *no interior* de um buraco negro simplesmente olhando ao nosso redor. Aqui o espaço é esférico, como o externo, em volta do horizonte; mas do lado de fora podemos nos mover para esferas maiores (para o alto) com foguetes bastante potentes. Aqui dentro, ao contrário, independentemente do que fizermos, sempre acabaremos em esferas cada vez menores. A gravidade que nos atrai para baixo é tão forte que não há nada que possamos fazer para impedir nossa descida.

Como Dante e Virgílio nos círculos do inferno, portanto, descamos.

* * *

A geometria do espaço no interior do buraco negro, lá embaixo no "cego mundo", é realmente semelhante à do inferno de Dante. Pensem num funil. Um funil muito longo. A cada momento, o interior do buraco negro pode ser imaginado como esse funil.[3] Quanto mais antigo for o buraco negro, mais longo será o seu interior. O interior de um buraco negro muito antigo pode ter o comprimento de milhões de anos-luz. Eis uma imagem de como podemos pensar o interior do buraco negro num dado instante:[4]

Mesmo que seja enorme, o comprimento do funil não é infinito: no fundo, ainda está a estrela que, caindo sobre si mesma, deu origem ao buraco:

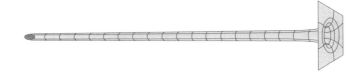

Diferentemente do inferno dantesco, que, pelo que sabemos, continua sempre igual, aqui, à medida que o tempo passa o funil *se alonga e se estreita*.

Para ilustrar esse fato, desenho a seguir uma série de funis, cada um dos quais representa o interior do buraco negro num momento de tempo sucessivo. Como costumam fazer os físicos, desenho uma sequência em que os tempos sucessivos aumentam para o alto. (Não sei por que se costuma fazer assim, talvez tenhamos copiado dos geólogos que desenham o passado embaixo porque os estratos mais antigos estão mais enterrados no solo.) Assim, o desenho deve ser lido partindo de baixo para cima; subindo, o tubo se alonga e se estreita:

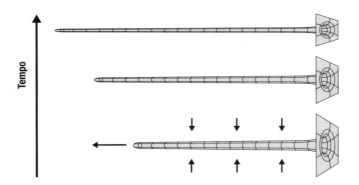

Se descemos no buraco negro, a cada momento estamos num ponto desse funil, cada vez mais para baixo. Assim:

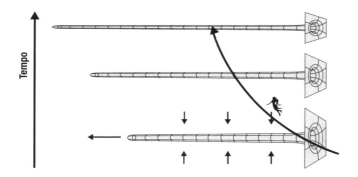

Esta é a forma do espaço no interior de um buraco negro: um redemoinho sem fim ("tão escuro era aquilo e nebuloso") que se aperta em volta de nós à medida que caímos, sem que consigamos chegar ao fundo, onde caiu a estrela que lhe deu origem.

Como sabemos isso, se ninguém ainda foi lá ver e voltou para nos contar? Sabemos porque o interior do buraco negro é descrito pelas equações de Einstein. Enquanto não ocorrer algo que nos leve a duvidar delas, não temos motivo para não confiar nessas equações, cujas previsões — espetaculares e inesperadas — até agora foram *todas* verificadas.

Essas equações são o nosso bom guia — como o doce Virgílio, "tu condutor, tu senhor e tu mestre" —, indicando-nos o caminho enquanto descemos cada vez mais para baixo no "cego mundo".

6.

Mas, cedo ou tarde, até os melhores guias se tornam insuficientes. Cedo ou tarde, sempre acontece algo que nos leva a duvidar deles. "Se encontrar Buda, mate-o" — diz-se que esse era o ensinamento de Linji Yixuan, um dos grandes mestres chineses do budismo, na tradição *chan*.[5]

Lá embaixo, no fundo em que caímos, há regiões em que a distorção do espaço-tempo se torna extremamente forte. Aqui, esperamos que intervenham efeitos *quânticos*, como sempre ocorre em condições extremas. As equações de Einstein não levam em conta esses fenômenos: os ignoram. Nessas regiões, já não se aplicam. Perdemos nosso guia.

De fato, a certa altura, as equações de Einstein passam a ser inadequadas, porque, se continuamos a usá-las, deixam de funcionar. Elas preveem que a geometria atinge uma distorção infinita, e aqui não funcionam mais: o valor das variáveis na equação se torna infinito — é impossível prosseguir. A teoria de Einstein, nosso guia seguro, nos abandona. Essas regiões — pontas, cúspides, pregas — se chamam "singularidades".

Mas o diabo mora nos detalhes. Vemos *onde* as equações deixam de funcionar. Cuidado, esse é o detalhe que gerou mais confusão; e ainda confunde muitos, até mesmo os melhores cientistas. É a clareza sobre esse detalhe que permitiu que Hal e eu saíssemos do impasse.

Pode parecer natural pensar que coisas estranhas aconteçam *no fundo do funil*, lá no centro do buraco negro, no ponto destacado à esquerda da imagem:

Mas não é o que acontece. No centro do funil há apenas a estrela que está caindo, não há regiões singulares. Lá, as equações ainda funcionam.

Mas como? Se entramos num buraco negro muito antigo, a estrela não acabou de cair há um bom tempo? Não se passou uma infinidade desde que ela colapsou? Uma estrela que desmorona sobre si mesma se esmaga num ponto rapidamente. Como faz para ainda estar ali, em fase de queda, depois de muito tempo?

O tempo... o tempo... sempre o nó da questão. "Muito tempo" para alguém não quer dizer "muito tempo" para outro. "Muito tempo" para nós não significa "muito tempo" para a estrela. Lá embaixo, no fundo, o tempo desacelerou desmesuradamente. Fora, podem ter passado milhões de anos, mas lá embaixo passaram-se apenas algumas frações de segundo... Não,[6] a estrela ainda está caindo, no fundo do longo funil que se alonga e fica mais fino, porque no *seu* tempo transcorreram apenas frações de segundo. A região onde as distorções se tornam infinitas, onde as equações de Einstein deixam de funcionar, a região interessante, não está ali!

Está no futuro. Está no que acontece *depois* do intervalo de tempo descrito pelo último desenho. Está na região em destaque neste desenho:

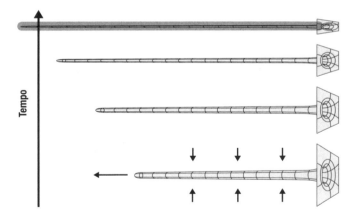

Em outras palavras, à medida que o diâmetro do funil se estreita, o cilindro se torna mais curvo, como um rolo sendo enrolado cada vez mais apertado. Quanto mais estreito é o funil, mais forte é a distorção do espaço-tempo. Quando esta atinge a fatídica "escala de Planck",[7] a escala em que esperamos que o espaço e o tempo sofram fenômenos quânticos, entramos na região em que as equações de Einstein são violadas pelos fenômenos quânticos.[8] Essa é a região destacada do último desenho.

Se ignoramos esses fenômenos e continuamos a confiar na teoria de Einstein, as equações preveem que o esmagamento do espaço continue até a catástrofe: o longo tubo fino se torna cada vez mais longo e mais fino até se esmagar numa única linha (e nos esmagar juntamente com ele):

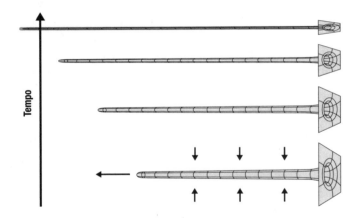

E depois? Depois nada. O espaço se esmagou, o tempo acaba. Batemos numa parede. Se nos limitarmos apenas à teoria de Einstein, o tempo termina aqui.

A região singular, a região quântica, portanto, está *no futuro*, onde o tubo se esmaga numa linha e se torna infinitamente longo. Não está *no centro* da bola que é o buraco negro, onde há apenas a estrela que cai, como, infelizmente, muitos ainda pensam. Esse equívoco é a fonte da confusão sobre o destino dos buracos negros.

Em outras palavras, para entender o que acontece com um buraco negro, não podemos pensá-lo como um cone estacionário com a singularidade *no centro*. Temos de pensá-lo como um longo tubo em cujo fundo está a estrela que o gerou: o tubo se alonga e se estreita e *no futuro* se esmaga numa linha. A singularidade não está *no centro*: está *depois*. Essa é a chave da história.

Ao cair no buraco negro, é lá que iremos parar. "É o mais escuro e distante do céu que nos encerra":

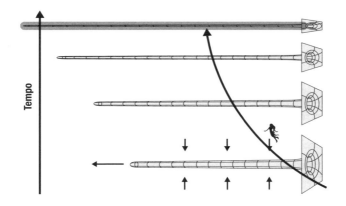

Chegamos à região quântica. O que acontece agora?

As equações de Einstein, o nosso guia, as mais belas equações da física, que acompanharam minha vida de cientista, já não são suficientes. Agora estamos sem guia. "Mas Virgílio deixara-nos, na extrema hora; Virgílio, amoroso pai meu a quem me dei pra salvação suprema."

E agora? Era o que Hal e eu discutíamos naquela tarde em Marselha.

7.

O que fazer quando os mestres já não são suficientes? Talvez seja melhor navegar sem as estrelas, mas como fazemos para aprender algo novo, que ainda não sabemos?

Para aprender algo novo, podemos, por exemplo, ir até lá e ver. Ir além da colina. Por isso os jovens partem e viajam. Ou então alguém pode ter ido no nosso lugar. E o que essas pessoas aprendem chega até nós por meio de relatos, uma aula na escola, uma página da Wikipédia, um livro. Aristóteles e Teofrasto vão até a ilha de Lesbos para observar minuciosamente peixes, moluscos, pássaros, animais e plantas, escrevem tudo em alguns livros, e abrem o mundo da biologia.

Para ver ainda mais longe, temos os instrumentos. Galileu aponta o telescópio para o céu, e vê coisas que nós humanos jamais imaginaríamos: abre nossos olhos para o vasto mundo da astronomia. Os físicos analisam os espectros dos elementos e coletam dados sobre os átomos, abrindo as portas do mundo quântico. Na origem de tantos novos saberes há observações cuidadosas. Mas não podemos chegar ao fundo de um buraco negro nem observá-lo, se não sai luz dele...

Se não podemos viajar com o corpo, contudo, podemos viajar com a mente. *Imaginar* que mudamos de perspectiva, para ver as coisas de maneira diferente.

Anaximandro, o primeiro personagem da lista do capítulo 4, também era conhecido no mundo antigo como o primeiro a ter desenhado cartas geográficas. Uma carta geográfica é a imagem de uma vasta área como a veríamos se voássemos mais alto que as águias. Em milênios de civilização, viagens e comércio, ninguém ainda pensara naquilo. Não foi uma transição fácil: estamos acostumados a ver a Terra de perto; quem já a vira de tão alto? Identificar-

-se com uma águia, perguntar-se o que veríamos de uma grande altura. Isso é mudar de perspectiva. Anaximandro teve imaginação suficiente para isso, e teve imaginação suficiente para se perguntar como a Terra poderia parecer de uma altura imensa. Assim, ele foi o primeiro a intuir como Armstrong e Collins veriam a Terra da Lua.

O maior astrônomo da antiguidade foi Hiparco. Uma de suas conclusões ilustra deliciosamente a eficácia de ir além com a mente. É o cálculo da distância da Lua. Faço um resumo desse cálculo na figura a seguir (fora de escala, o Sol está muito mais distante e é muito maior) e na sua legenda.

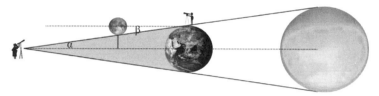

Hiparco imagina que voa até a ponta do cone formado pela sombra da Terra, e olha para trás. Vista dali, a Terra oculta perfeitamente o Sol. Portanto, o ângulo α é metade do ângulo sob o qual se vê o Sol. O ângulo β é a metade do ângulo sob o qual se vê a Lua. Sol e Lua parecem do mesmo tamanho no céu, portanto α = β. A geometria de Euclides nos diz, então, que as duas linhas traçadas são paralelas, e o desenho mostra que o raio da Lua mais o raio de sombra (lá onde está a Lua) formam um segmento igual ao raio da Terra. A observação de um eclipse mostra que o raio do disco da sombra é duas vezes e meia o raio da Lua, portanto, o raio da Terra é três vezes e meia o raio da Lua. Uma moeda de um centímetro cobre a Lua se a seguramos a 110 centímetros dos nossos olhos (experimentem!), e assim a distância da Lua é 110 vezes o seu diâmetro. Portanto, a distância da Lua é 110 dividido por três e meio, ou seja, cerca de trinta vezes o diâmetro da Terra. Exato! Genial. Tudo com base em simples observações que qualquer um de nós pode fazer a olho nu no jardim!

O primeiro passo do refinado argumento geométrico de Hiparco é: o que eu veria se fosse até a ponta do cone formado pela sombra da Terra? Imaginar-se lá longe, a milhares de quilômetros da Terra, no espaço interplanetário, olhar para trás e ver a Terra cobrir o Sol... ver com a mente.

Copérnico olha para o sistema solar como o veria se estivesse no Sol. Kepler voa na vassoura de sua mãe. Einstein se pergunta o que aconteceria ao cavalgar um raio de luz... Projetar-se em situações cada vez mais distantes da nossa experiência cotidiana, imaginar que olhamos tudo de uma perspectiva diferente... pensar num buraco negro como o veríamos se entrássemos nele.

* * *

Mas como podemos "ver" com os olhos da mente? Anaximandro *não* voou com as águias, Kepler *não* voou numa vassoura (com certeza não), e Einstein *não* cavalgou um raio de luz... Como ir ver em lugares que não podemos visitar?

Creio que a resposta seja a busca cautelosa de um equilíbrio delicado. O equilíbrio entre o que levar conosco e o que deixar em casa. O que levamos conosco nos permite saber o que esperar. Para entrar no buraco negro, utilizamos as equações de Einstein que preveem sua geometria. Einstein recorreu às equações de Maxwell. Kepler usou o livro de Copérnico. Esses são os mapas, as regras, as generalidades, nos quais confiamos porque funcionaram bem.

E, ao mesmo tempo, sabemos que temos de deixar algo para trás. Anaximandro deixou em casa a ideia de que todas as coisas caem em paralelo. Einstein deixou em casa a ideia de que todos os relógios batem em sincronia... Se deixamos coisas demais em casa, não temos instrumentos para seguir adiante, mas se levamos coisas em excesso, não encontramos as brechas para entender... Não acho que são receitas, e sim tentativas e erros. *Tentando e tentando de novo*. É o que fazemos. "O longo estudo e o grande amor."

Combinamos e recombinamos de maneiras diferentes o que sabemos, buscando uma combinação que esclareça algo. Se atrapalham, deixamos de fora peças que antes pareciam essenciais. Arriscamos, com cuidado. Chegamos ao limite do nosso saber. Procuramos nos acostumar com ele, explorando-o longamente, para a frente e para trás, buscando brechas às cegas. Experimentamos conceitos novos, novas combinações. Nossos novos conceitos são tomados de conceitos antigos, readaptados, modificados. Pensamos sempre apenas por analogias. As "forças" de Newton são emprestadas da experiência cotidiana de um empurrão. Os campos elétricos e magnéticos de Faraday, estendidos no espaço, são roubados dos agricultores. Einstein compreendeu que o tempo às vezes passa devagar, às vezes rápido, mas todos nós já não sabíamos disso por experiência própria desde sempre?

O Ocidente soube usar muito bem a criatividade do pensamento analógico para construir novos conceitos a cada geração, até deixar como herança para a atual civilização global a magnificência do pensamento científico. Contudo, foi o Oriente que reconheceu antes e com mais clareza que o pensamento aumenta por analogias, não por silogismos. A lógica da argumentação baseada em analogias já é analisada pela escola moísta, e está implícita num dos maiores livros da humanidade, o texto extraordinário que é o *Zhuangzi*. O pensamento científico faz bom uso da rigidez lógica e matemática, mas esta é apenas uma das duas pernas que o levaram ao sucesso: a outra é a criatividade liberada pela contínua evolução de sua estrutura conceitual, e *esta* se alimenta de analogias e recombinações.

Um campo eletromagnético não é um campo de trigo; a dilatação do tempo de Einstein não é a decorrente do tédio; na força de gravidade não há ninguém empurrando e puxando; mas as analogias são evidentes. Analogia é tomar um aspecto de um conceito e reutilizá-lo em outro contexto, preservando parte de seu significado e deixando outra parte de lado, de modo que a nova combinação produza significados novos e eficazes. Assim funciona a melhor ciência.

Acho que assim também funciona a melhor arte. Ciência e arte estão relacionadas à contínua reorganização do nosso espaço conceitual, o que chamamos de significado. A arte não está no objeto artístico e muito menos em algum misterioso mundo espiritual: está na complexidade do nosso cérebro, na caleidoscópica rede de relações analógicas com as quais os nossos neurônios reagem ao objeto e tecem o que chamamos de significado. Estamos envolvidos, porque isso nos tira um pouco do nosso sonambulismo habitual, desperta a alegria de ver algo novo no mundo. É a mesma alegria que a ciência proporciona. A luz de Vermeer nos mostra uma ressonância da luz que ainda não tínhamos conseguido apreender; um fragmento de Safo ("doce-amargo é Eros") nos descortina um mundo sobre como repensar o desejo; um vazio negro de Anish Kapoor nos desorienta do mesmo modo que os buracos negros da relatividade geral: como estes, nos sugere que há outras maneiras de conceituar a tela impalpável da realidade...

Entre observar e compreender, o caminho pode ser longo. Muitos grandes passos do saber foram realizados apenas graças ao bom uso do cérebro, sem nenhuma *nova* observação: Copérnico e Einstein, gigantes da ciência, obtiveram seus resultados cruciais baseando-se em observações conhecidas havia muito. No caso de Copérnico, havia mais de um milênio. É possível encontrar o novo também a partir das coisas que já sabemos, apoiando-nos em detalhes que não se encaixam. O elo que não se sustenta. O cálculo dos dados que já não bate (a brecha está aqui?) — o fio a ser desenrolado que finalmente nos coloque no meio de uma verdade. Os indícios que nos sugerem como repensar.

É a capacidade de mudar a organização dos nossos pensamentos que nos permite dar saltos para a frente. Pensem no que Copérnico fez. Antes dele, o mundo era composto de duas grandes famílias de coisas: as terrestres (montanhas, pessoas, gotas de chuva...) e as do céu (os astros como o Sol, a Lua e as estrelas). As coisas terrestres caem, as celestes giram em círculos. As coisas terrestres são efêmeras, as celestes, eternas. É tão razoável que é preciso ter uma coragem insensata para propor outra maneira de organizar o mundo. Copérnico fez isso. Seu cosmos se divide de outra maneira. O Sol é uma classe isolada. Os planetas estão todos na mesma classe; a Terra é apenas um deles, com tudo o que ela contém, e por isso montanhas, pessoas e gotas de chuva estão na mesma classe que aqueles pontinhos no céu que são Vênus e Marte... a Lua... bem, ela está numa outra classe, sozinha... tudo gira em torno do Sol, mas a Lua gira em torno da Terra.

Mudar a ordem das coisas não é fácil, mas é o que a ciência faz melhor. Nossa estrutura conceitual não é nem definitiva, nem a única possível: é aquela que a evolução nos levou a improvisar para lidar com as situações cotidianas. Não há motivo para ter de funcionar um pouco além disso. Dividir tudo em objetos terrestres e celestes funciona para a vida cotidiana, não para entender o cosmos e o nosso lugar nele.

Como reconceituar a realidade para atravessar a singularidade que as equações de Einstein preveem no futuro de um buraco negro? O que há do outro lado da singularidade? O que há além do espelho de Alice?

O que devemos deixar em casa e o que devemos levar conosco, com o propósito de ser leve o suficiente para atravessar o espelho, além do fim do tempo previsto pela relatividade geral?

Segunda Parte

1.

Chegamos àquele dia de verão em que Hal, em meu escritório, depois de meses de tentativas, erros, falsas pistas e ideias descartadas, sugere inverter o tempo e ligar dois espaços-tempo com um efeito túnel. O que ele pretendia?
Pretendia sugerir o que pode haver *além* da singularidade.
A sugestão baseava-se na mais simples das analogias. A formação de um buraco negro é uma queda: uma estrela que terminou de queimar *cai* sobre si mesma, esmagada por seu próprio peso; um objeto que entra num buraco negro *cai*; o próprio espaço, o longo tubo dos desenhos de algumas páginas atrás, está se esmagando *ao cair* sobre si mesmo.
O que fazem os objetos quando caem? Chegam ao fundo, e depois... *quicam*. Se deixo cair uma bola de basquete no chão, ela quica e volta a subir.
Como a bola se move depois do rebote? Pensem um pouco nisso: ela se move como se o filme de sua queda fosse projetado ao contrário, voltando no tempo. Uma bola quicando é como uma

bola caindo, vista de trás para a frente. Como se o filme da queda fosse projetado de trás para a frente.

Vimos que a singularidade do buraco negro não fica "no centro": ela está no fim da queda. No momento em que o buraco negro chega ao fundo de sua queda, na região destacada das últimas figuras, ele não poderia simplesmente quicar e voltar para trás como uma bola, como se o tempo estivesse retrocedendo?[1] A trajetória de queda era um buraco negro: o que vejo se imagino filmar a vida de um buraco negro e reproduzir o filme ao contrário? Vejo um buraco branco.

2.

Então, o que é um buraco branco?

Hoje conhecemos muitos buracos negros no céu, mas, como eu disse, já sabíamos que eles existiam antes disso: sabíamos como eram feitos graças às equações de Einstein. Muitos (como o meu diretor do departamento de Marselha) duvidavam de sua existência real — pareciam exóticos demais —, mas eram objetos que os teóricos já conheciam bem: uma solução de uma equação.

Um buraco branco é a mesma coisa: uma solução das equações de Einstein. Por isso também os conhecemos bem.

Aliás, não é sequer *uma outra* solução das equações de Einstein: é *a mesma* solução que descreve um buraco negro, mas escrita com o sinal do tempo invertido. A mesma solução, vista como se fosse projetada para trás no tempo. Um buraco branco é a maneira como apareceria um buraco negro se pudéssemos filmá-lo e reproduzir o filme ao contrário.

As equações de Einstein, como todas as equações da física fundamental, não distinguem a direção do tempo, não distinguem o passado do futuro: dizem-nos que, se um processo pode acontecer, o mesmo processo invertido no tempo também pode ocorrer.[2]

Se, ao chegar ao final de sua corrida, um buraco negro quica e percorre novamente a sua história anterior voltando no tempo, como uma bola de basquete quicando, então... ele se transformou num buraco branco.

Eis o desenho de como continua a evolução do espaço no interior do buraco negro:

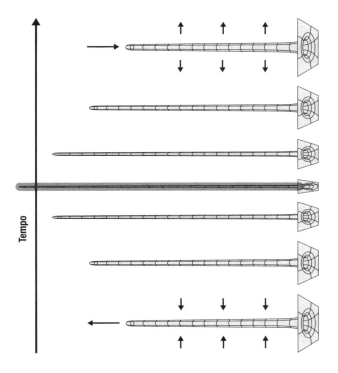

Quando entra na região quântica (no centro, em destaque), o tubo deixa de se alongar e de se contrair, e quica: retrocede, começando a se encurtar e a se expandir.

55

Pode-se entrar nos buracos negros, mas não sair deles. Ao contrário, pode-se sair dos buracos brancos, e não entrar neles. (Se filmo coisas *entrando* num buraco e depois reproduzo o filme de trás para a frente, vejo coisas *saindo* do buraco.) Tudo o que entrou no buraco negro pode atravessar a região destacada, passar pelo buraco branco, e depois voltar a sair.

Simples, não é?

* * *

Mas é possível que isso aconteça? Para passar de buraco negro para buraco branco, o espaço e o tempo devem atravessar a região em destaque da figura. Ali devem necessariamente violar as equações de Einstein. Talvez apenas por um instante, no momento do rebote, mas devem violá-las.

Esperamos que as equações de Einstein sejam contrariadas: que antes de chegar à singularidade entrem em jogo efeitos quânticos. Mas tais efeitos permitem um rebote como esse?

Os cientistas já conhecem bem a física quântica dos átomos, dos elétrons, da luz, dos raios laser... mas aqui se trata da física quântica do espaço e do tempo.

E é por *esse* motivo que os buracos negros e brancos me interessam tanto. Passei a vida tentando compreender precisamente os aspectos quânticos do espaço e do tempo. A estrutura conceitual necessária para nos orientar quando espaço e tempo são quânticos. É o meu grande amor. "Reconheço os sinais da chama antiga." Vejo o seu brilho no fundo do buraco negro.

A maior parte do meu trabalho em física teórica foi participar da construção de uma estrutura matemática que descreva espaço e tempo quânticos: a estrutura matemática que construímos se chama gravidade quântica *em loop*. Para compreender o que acontece nas regiões de um buraco negro onde dominam essas propriedades quânticas de espaço e tempo, onde o espaço e o tempo contínuos da nossa intuição já não funcionam, é necessária essa teoria. Aqui veremos se funciona. "Aqui se atestará tua dignidade."

3.

O que significam "comportamentos quânticos"?[3] A propriedade quântica mais simples é a granularidade. Em pequena escala, todos os processos se manifestam de maneira granular; a luz observada em baixa intensidade se manifesta em *grãos* de luz: os fótons.

Aplicada ao espaço, essa ideia fundamental implica a existência de *grãos elementares de espaço*, de dimensão finita. Quanta de espaço. Não existem coisas arbitrariamente pequenas. Há um limite inferior para a divisibilidade. O espaço é uma entidade física e, como todo o resto, é granular.[4] A teoria de Einstein e a matemática da teoria quântica se combinam para dar esse resultado.

A matemática necessária para obter esse resultado foi desenvolvida anos atrás por Roger Penrose, o grande relativista inglês que recebeu o Nobel em 2020, enquanto eu escrevia a primeira versão destas páginas. Essa matemática também nasce de uma simples analogia: uma rede. Uma rede é um conjunto de nós conectados. Os nós são os grãos elementares de espaço. "Quanta de espaço", como os fótons são quanta de luz. Mas, enquanto os fótons se movem *no* espaço, os quanta de espaço são eles mesmos os grãos que tecem a rede que é o espaço.

As ligações da rede conectam nós adjacentes e fazem com que o conjunto dos nós seja uma estrutura conectada, ou seja, "espacial". Roger Penrose deu a essas estruturas o nome de "redes de spin". O termo *spin* vem da matemática das simetrias do espaço, em que as *rotações*, que em inglês se chamam *spin*,[5] desempenham um papel importante.

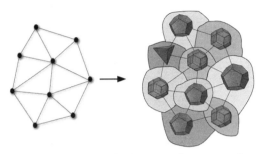

Uma imagem intuitiva de uma rede de spin e dos quanta de espaço que ela representa.

O inglês Penrose e o norte-americano Finkelstein, que compreendeu como funcionam os horizontes e comentava as gravuras de Dürer, haviam se encontrado em 1958. Finkelstein fora a Londres para dar uma conferência sobre o horizonte dos buracos negros, que acabara de decifrar. Penrose terminara recentemente os estudos em Oxford e fora a Londres para ouvi-lo. Depois da conferência, os dois jovens discutiram por muito tempo. Penrose já começara a desenvolver os rudimentos da matemática das redes de spin, e durante a conversa ilustrou essa matemática para Finkelstein.

Ambos saíram transformados daquele encontro. Penrose apaixonou-se pelos buracos negros. Nos anos seguintes, a paixão desencadeada pela conferência de Finkelstein o levaria a demonstrar que o processo de formação dos buracos negros é inevitável, e sessenta anos depois ele receberia o Nobel por esse resultado. Finkelstein, por sua vez, apaixonou-se pela estrutura discreta do espaço sobre a qual Penrose começara a investigar, inventando as redes de spin. Finkelstein buscaria por muito tempo uma descrição quântica do espaço-tempo formada por quanta elementares. Numa estranha interação, os dois aventureiros, exploradores do mundo das ideias, trocaram seus interesses.[6]

Eu tinha dois anos de idade na época daquela conversa. Trinta e cinco anos depois, juntamente com Lee Smolin, reencontramos a matemática das redes de spin, e o espaço granular que ela descreve, aplicando técnicas de teoria quântica à relatividade geral e combinando os dois mundos de pesquisa que Penrose e Finkelstein tinham trocado trinta anos antes.

Naquele período, no ano de 1994, Lee vinha me visitar com frequência em Verona. (Não vinha apenas por mim — percebi isso mais tarde —, estava fascinado por uma veronense, amiga minha, muito bonita.) Quando começamos a calcular as propriedades dos quanta elementares de espaço, e nos demos conta de que estávamos reencontrando as redes de spin de Penrose, Lee voou para Oxford para que Penrose lhe explicasse os detalhes daquela matemática. Desde então, Roger Penrose foi para nós como um extraordinário irmão mais velho. Mas voltemos aos buracos negros.

Se o espaço é granular, o interior de um buraco negro não pode esmagar-se até se tornar menor que os grãos isolados. A contração que esmaga o tubo no interior de um buraco negro tem de parar antes da singularidade. O que acontece então?

4.

A segunda propriedade característica dos fenômenos quânticos é que as coisas nem sempre têm propriedades definidas. Uma partícula não tem sempre uma posição. Aliás, em geral não tem nenhuma. Tem uma posição no momento que colide com outra partícula e chega a uma tela. Entre uma colisão e outra, entre a emissão e a chegada a uma tela, a partícula não tem uma posição definida: salta. Podemos pensar que ela se espalha como uma onda e depois volta a se concentrar quando colide com alguma coisa. Uma consequência desse aspecto ondulatório da realidade é o fenômeno chamado "tunelamento" (ou "efeito túnel"). O tunelamento é a capacidade que os objetos têm de atravessar barreiras que de outro modo seriam impenetráveis. Imaginem uma bola de bilhar lançada contra uma parede. Atendo-nos à física clássica, ela não pode atravessá-la. No entanto, a realidade é que essa bola tem uma probabilidade (talvez muito pequena) de passar para o outro lado. Esse é o tunelamento. Tem esse nome porque é como se houvesse a probabilidade de a bola encontrar um "túnel" (imaginário) que lhe permitiria atravessar qualquer barreira.

E esta era a primeira ideia de Hal: o interior do buraco negro pode atravessar a região proibida das equações de Einstein, a região destacada das figuras mostradas anteriormente, e passar, por efeito túnel, "para o outro lado".

No interior do buraco negro, portanto, as propriedades quânticas do espaço e do tempo permitem "saltar" para além da singularidade, quando as equações clássicas fariam o tempo parar. Aqui não é uma partícula que salta: é o próprio espaço-tempo. O salto do espaço-tempo não é um fenômeno que acontece no espaço e no tempo. É um fenômeno que não é nem espacial nem temporal: é uma transição quântica de uma configuração do espaço para outra. A teoria da gravidade quântica em loop descreve transições quânticas deste tipo: saltos de uma configuração do espaço para outra.

As equações da mecânica quântica comum fornecem as probabilidades de que ocorram saltos de uma configuração para outra por um sistema físico *no espaço*. As equações da gravidade quântica em loop fornecem as probabilidades de saltos de uma configuração *do espaço para outra*.

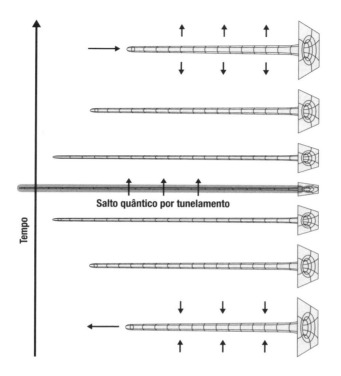

Atravessando a região onde a teoria de Einstein previa o fim do tempo, por um breve instante tempo e espaço já não existem.

É isso. Aqui as propriedades quânticas do espaço e do tempo se sobressaem. Podemos atravessar aquilo que a teoria de Einstein indicava como a fronteira da realidade, ir para o outro lado. As equações da gravidade quântica em loop permitem calcular a probabilidade de que isso ocorra.

* * *

Esse é o elemento-chave. A chave desse problema científico, da vida dos buracos negros e deste livro. O salto além do fim do tempo previsto pela relatividade geral pode acontecer: é previsto pela teoria quântica, que determina suas exatas características quantitativas. É um verdadeiro salto, como todos os saltos quânticos: uma quebra de continuidade. Uma ruptura temporária do continuum espaço-temporal. E, não obstante, é capturado e descrito pelas equações de que dispomos. As equações da gravidade quântica descrevem um mundo mais rico que um simples continuum espaço-temporal.

Depois de subir a montanha do Purgatório, Dante perde Virgílio, mas naquele mesmo momento, dominado pela emoção, vê aparecer Beatriz — "reconheço os sinais da chama antiga".

Com um fulgurante jogo de olhares entre os olhos de Beatriz, o Sol e seus olhos, Dante ultrapassa o fim do universo. Beatriz olha para o Sol, Dante olha para os olhos de Beatriz e depois, seguindo o olhar dela, também olha para o Sol. "Muito lá é permitido que aqui é infesto." Dante é invadido pela luz... "pareceu ser, de chofre, acrescentado um dia ao dia", e novamente se perde nos olhos de Beatriz...

> *Beatriz, voltada pra esfera superna,*
> *fixa co' o olhar estava, e o meu olhar*
> *nela fixei* [...]

No salto, nada existe além de um lago de luz...

> *tanta parte do céu de Sol acesa*
> *me apareceu, quanto por chuva ou flume*
> *lago nunca formou a natureza.*

... e voa além do espaço e do tempo.

5.

Retomemos a imagem da transição do buraco negro para o buraco branco, com alguns detalhes adicionais.

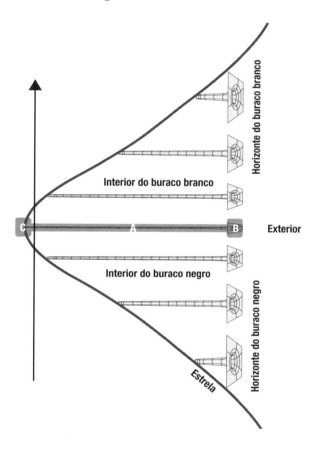

Acrescentei o trajeto da estrela, que forma o buraco negro em torno de si, ricocheteia e no final sai do buraco branco. A estrela permanece sempre no fundo do longo funil. Acrescentei também, à direita da figura, o exterior do buraco negro e branco.

A região de transição quântica é a região destacada. O restante deve estar totalmente de acordo com a teoria de Einstein.

Dividi a região de transição quântica em três partes, que chamei "A", "B" e "C", porque assim são chamadas, com pouca imaginação (e sobretudo: fora de ordem), nos artigos técnicos.

A região "A" é a passagem interna da geometria do buraco negro para a geometria do buraco branco. Essa transição foi estudada nos últimos anos por muitos grupos de pesquisa, usando a gravidade quântica em loop. Os detalhes nem sempre são homogêneos, mas quase todos os trabalhos indicam que a transição é possível.

A região "C" é o rebote da estrela. Assemelha-se muito ao que acontece no Big Bang de acordo com a gravidade quântica em loop. O Big Bang pode ter sido um grande rebote cósmico (um "Big Bounce"), em que um universo que se comprime atinge a densidade máxima permitida pelos quanta, depois ricocheteia e começa a se expandir. Num buraco negro, não é todo o universo que ricocheteia, é apenas a estrela, mas a física é semelhante: a uma densidade muito grande, os quanta são discretos e geram uma pressão que impede uma compressão ulterior e causa o rebote. Em ambos os casos, é um fenômeno de gravidade quântica que causa uma pressão que transforma um colapso num rebote.

No momento de máxima compressão, a estrela extremamente comprimida é chamada de "estrela de Planck",[7] porque atingiu a escala da gravidade quântica, a escala de Planck.[8] Por extensão, "estrela de Planck" é também o nome que se dá a todo o fenômeno: a estrela que colapsa no buraco negro, o rebote, o buraco branco, até que tudo volta a sair.

A região mais difícil de tratar matematicamente é a região "B", o salto quântico do horizonte de negro para branco. Os cálculos dessa transição estão em curso. Baseiam-se na versão da teoria dos loops chamada de "covariante", ou, de maneira mais colorida, "em espuma de spin" (*spinfoam*).

estou fazendo a enésima revisão destas linhas. estou em verona, na praça que tem o nome do poeta. diante de mim a sua estátua austera. estou sentado no patamar da loggia de fra' giocondo. aqui vi pela primeira vez o meu primeiro amor.

esta é minha cidade natal, para onde volto quando posso, dos meus (felizes) exílios pelo mundo. para ele, verona era o lugar de um exílio doloroso, onde aprendera como é salgado o pão dos outros (em verona o pão é salgado, não insosso como em florença), "descer e subir a alheia escada é caminho crucial". tenho diante de mim o palazzo della ragione [palácio da razão], com uma escadaria enorme. pensando bem, porém, o palazzo della ragione já existia, mas creio que a escadaria ainda não. seja como for, ele certamente esteve aqui muitas vezes, setecentos anos atrás. aqui escreveu o paraíso. também deve ter se sentado nesta praça para olhar suas cartas...

aqui perto, na igrejinha de santa helena, ao lado do claustro da catedral, onde eu ia trocar beijos com as garotas às escondidas, até que um padre nos expulsou escandalizado, e onde se localiza talvez a mais antiga biblioteca do mundo — na qual vi pergaminhos do século III e códices do século V —, ele deu uma aula, a quaestio de aqua et terra, em que discutiu como podem existir as terras emergidas, se o lugar natural da terra é mais baixo que o da água. é uma boa pergunta. alguém disse que o fez para conseguir um cargo de ensino no "studio", a escola de verona que estava se tornando uma universidade renomada. quem sabe se é verdade. no entanto, ele não obteve o cargo. não o consideraram qualificado o bastante... talvez não se encaixasse suficientemente "no grupo", ele que cantava o universo inteiro como o cantava.

Estou divagando. Voltemos à passagem do buraco negro para o buraco branco. A estrela se iluminou, o interior se iluminou, o horizonte se iluminou.

Mas tudo isso não é o bastante. Falta a passagem mais importante: se isso acontece *dentro* do buraco negro, o que acontece *fora*? Como pode o *exterior do buraco negro* se transformar num *exterior do buraco branco*, se fora não esperamos nada de quântico?

Para responder, e compreender a intuição de Hal daquele dia, temos de entender um pouco melhor o que é um buraco branco.

Preparem-se para surpresas.

6.

O que diferencia o exterior de um buraco branco do exterior de um buraco negro? Se estou do lado de fora, como diferencio um buraco negro de um buraco branco?

A resposta é: nada. De fora, um buraco branco é indistinguível de um buraco negro.

Um buraco negro atrai, como qualquer massa; um buraco branco faz o mesmo. Ao redor de um buraco negro pode haver planetas em órbita: o mesmo acontece em torno de um buraco branco. E assim por diante. Pode-se cair *para* um buraco negro, pode-se cair *para* um buraco branco.

Isso é algo que confunde. Um buraco branco é como um buraco negro invertido, mas isso não significa que a atração da gravidade se transforma em repulsão. Invertendo a direção do tempo, a atração da gravidade não se torna repulsão.[9] Insisto: vistos do lado de fora, um buraco negro e um buraco branco se comportam exatamente da mesma maneira; ambos são massas que, com a força da gravidade, atraem.

* * *

Mas como? Parecem objetos tão diferentes: num buraco negro pode-se apenas entrar, de um buraco branco pode-se apenas sair. Como é possível que, apesar disso, sejam indistinguíveis? Parece uma contradição.

Não é. E aqui brilha a extraordinária magia arquitetônica da relatividade geral. É um ponto delicado e belíssimo. Venham comigo. Caso se percam nos parágrafos seguintes, não importa, não é grave (muitos se perdem). Mas se conseguirem acompanhar, é impressionante o que faz a relatividade do tempo.

Pois bem. Pode-se sair de um buraco branco. Portanto, posso ver uma pedra *se afastar livremente* de um buraco branco. Posso ver uma pedra se afastar de um buraco negro? À primeira vista, parece impossível: como a pedra faria para *se afastar* livremente de um buraco negro, se não pode *sair dele*? E, no entanto, é possível: se um segundo antes de atravessar o horizonte alguém lançasse uma pedra com uma força muito grande a partir da estrela que estava colapsando, a pedra voaria para longe; mas, vista de longe, a primeira parte do seu voo ocorreria muito lentamente, porque tudo estaria em extrema câmera lenta; portanto, a pedra se afastaria do buraco negro apenas depois de muito tempo. Assim, nada me impede de ver uma pedra se afastando de um buraco negro, como posso ver uma pedra se afastando de um buraco branco.[10]

O mesmo raciocínio vale ao contrário: imaginemos uma pedra caindo em direção a um buraco negro. Em pouco tempo, ela atravessa o horizonte. Uma pedra caindo em direção a um buraco branco não pode atravessar o horizonte, porque não é possível entrar no horizonte de um buraco branco. Isso parece indicar que de fora é fácil distinguir um buraco negro de um buraco branco. Basta olhar uma pedra caindo. Mas não é o que acontece. Vocês se lembram? De fora, nunca se vê uma pedra *entrar* no horizonte do buraco negro, porque a luz leva cada vez mais tempo para se afastar! Vemos que ela *se aproxima* cada vez mais do horizonte, sem jamais vê-la entrar. O que se vê de uma pedra caindo num buraco branco? A mesma coisa que num buraco negro! Vemos que ela se aproxima cada vez mais do horizonte, sem entrar. O que acontece *com a pedra* que cai num buraco branco? Em pouco tempo, ela chega à matéria que está saindo do buraco branco. Em quanto tempo? Num tempo que pode ser extremamente longo visto de fora (o tempo desacelera perto do horizonte), mas é extremamente curto para a pedra... magias da elasticidade do tempo... os horizontes negro e branco são diferentes, mas do lado de fora tudo é exatamente igual.

Os horizontes distinguem branco de preto, futuro de passado, mas o lado de fora não.

O título do trabalho de 1958 em que David Finkelstein mostrou o que acontece ao horizonte era *A assimetria entre passado e futuro no campo gravitacional*... O título destaca o conceito-chave: a geometria de *fora* do buraco negro *não* muda por inversão do tempo, mas essa simetria se rompe no horizonte; o horizonte não é invariante por inversão do tempo. É por isso que exatamente o mesmo exterior é compatível tanto com um buraco negro como com um buraco branco, embora seus horizontes sejam opostos.

Tudo isso é rocambolesco, mas a natureza funciona assim. Apesar da completa diferença do que acontece *dentro*, o truque de magia do tempo no horizonte permite que um buraco branco e um buraco negro sejam a mesma coisa *fora*.

E *essa* foi a observação crucial de Hal, naquele dia.

* * *

Por quê? Porque ela torna plausível que o que acontece dentro do buraco negro seja precisamente o que está ilustrado na última figura. O ponto mágico é que *no interior* o espaço evolui como no desenho, enquanto *no exterior...* não acontece nada!

O túnel quântico ocorre apenas nas regiões de grande distorção do espaço-tempo, de maneira compatível com o fato de que do lado de fora, onde *não* estamos num regime quântico, tudo continua, como deve, a respeitar a relatividade geral. A solução das equações de Einstein que representa o buraco negro e a que representa o buraco branco podem *ser coladas* uma à outra do lado de fora, sem violar as equações. A única violação acontece lá onde esperamos que ela ocorra: onde as distorções são tão fortes que geram efeitos quânticos.

Bingo! Encontramos um cenário plausível para o que pode ocorrer dentro dos buracos negros além do fim do tempo. Além da singularidade, há a solução com o tempo invertido: o interior de um buraco branco. Do lado de fora, nada acontece. Mas o horizonte negro se tornou branco, como Gandalf.

7.

Lembro-me da emoção daquele dia, quando o cenário que Hal havia intuído começou a ficar claro. As peças do quebra-cabeça eram conhecidas: tunelamento, solução das equações de Einstein com os buracos brancos, solução com os buracos negros, existência de um limite inferior às dimensões espaciais, comportamentos estranhos dos buracos brancos e negros e uma diferença impressionante de tempos entre quem está no horizonte e quem está longe dele. A intuição de que as coisas que caem depois ricocheteiam, assim como podem fazer as estrelas de Planck. As peças do quebra-cabeça se encaixaram.

Como sempre acontece nos quebra-cabeças da ciência, algumas peças ficam de fora e nós as descartamos. O que acontece *exatamente* com o espaço e o tempo no momento do rebote? A teoria quântica nos diz que o que acontece *durante* o salto não existe, não tem forma, dimensão ou propriedades.

Podemos ter apenas uma ideia aproximada disso, imaginando que o esmagamento do tubo freia suavemente, inverte sua trajetória e começa a se expandir. Mas a realidade é que, naquela transição, o espaço e o tempo se dissolvem numa nuvem de probabilidades, além da qual retomam sua estrutura. A peça do quebra-cabeça a ser descartada é a ideia de que os eventos da natureza podem ser sempre imaginados como imersos no espaço e no tempo.

* * *

muitas questões continuavam abertas naquela noite. precisávamos fazer os cálculos certos: tudo bem usar analogias, mas depois são necessários os silogismos, para não viver de ilusões. era preciso estabelecer as equações que descrevessem com exatidão a geometria do nosso espaço-tempo. mostrar que elas atendem às equações de einstein sempre, exceto na transição quântica. definir o cálculo da probabilidade do salto quântico.

fizemos isso nos dias seguintes. foi alegre e divertido. um trabalho de corte e costura: era preciso verificar se as regiões se uniriam. a complicação era que cada região é descrita usando uma perspectiva que deixa algo de fora, que é exatamente o problema que confundiu einstein e os outros desde o início, e que finkelstein esclareceu. técnicas para resolver esse problema agora são conhecidas,[11] nós as usamos e tudo funcionou. escrevemos um artigo com os cálculos e o publicamos.[12] pouco a pouco, a ideia seguiria o seu caminho.

a hipótese de que um buraco negro pode se transformar num buraco branco agora estava nas mãos de quem a quisesse desenvolver.

* * *

sim, estávamos muito felizes naquela noite. poucas coisas são tão boas quanto a sensação rarefeita e leve de ter uma ideia que talvez funcione. uma conta que finalmente fecha. uma intuição sobre como poderia funcionar algo que antes não compreendíamos. uma felicidade sutil, suave mas penetrante, como se de repente nos sentíssemos bem no mundo.

talvez seja apenas a satisfação por ter feito um bom trabalho. a mesma que sinto por ter consertado o portão do jardim. por ter sido bem-sucedido em algo que estava tentando executar. fazer ciência é uma sucessão de desilusões, coisas que não funcionam, ideias erradas, experimentos que falham, contas que não batem. de vez em quando pontuada por momentos de alegria.

talvez seja também outra coisa. a alegria de um passo que satisfaz um pouco aquela vontade de entender, de "ir ver"... mas, em suma, sim, estávamos muito felizes naquela tarde, hal e eu. contentes por termos tido uma ideia que nos agradava.

mas... nem por isso convencidos de ter a verdade em mãos. a ciência está repleta de desilusões. esta seria uma delas? passaram-se anos desde aquele dia. a ideia da transição de buracos negros para buracos brancos aumentou, estudada por muitos, de formas diferentes. procuramos evidências dela no céu. nem por isso, ainda hoje, estou convencido de que temos a verdade em mãos.

os cientistas têm uma relação estranha com suas ideias: talvez ninguém seja de fato totalmente sincero, nem sequer consigo mesmo, *sobre o quanto acredita nelas... temos de ser politicamente corretos, sensatos, sempre admitir que poderíamos estar errados. porém, no fundo do coração, temos uma vontade louca de dizer "mas eu tenho certeza de que é assim!". ficamos apaixonados por nossas próprias ideias, estamos convictos delas... as defendemos com unhas e dentes. no fundo, a reputação científica, à qual nos agarramos como crianças ao algodão-doce, depende disso... e no entanto... no entanto, ao mesmo tempo, bem no fundo das emoções, a dúvida não desaparece nunca... o medo de que estamos errando, de que estamos nos iludindo... doce-amarga é a ciência.*

Numa conferência, Paul Dirac, o mais racional, impassível e cerebral dos cientistas, afirma que o motivo pelo qual é raro um pesquisador obter um resultado importante e ser capaz, ele mesmo, de dar o passo seguinte é que ele é o primeiro a ter dúvidas sobre o próprio resultado. Dirac conta que, quando encontrou a equação que hoje leva seu nome, uma das mais celebradas equações da física moderna, e que descreve o movimento dos elétrons, logo publicou o cálculo mostrando que, *em primeira aproximação,* ela fornecia a previsão correta para os espectros atômicos. Mas ele não teve a coragem de fazer o cálculo para uma aproximação melhor porque... tinha medo de que não desse certo e mostrasse a todos que a sua equação estava errada.

será que vai funcionar? me pergunto isso passeando à sombra das grandes árvores do bosque atrás de minha casa. por instantes me parece óbvio que a ideia deve estar correta. de fato: o que mais poderia razoavelmente acontecer, levando tudo isso em conta? reviro-a em minha mente de todas as maneiras e não vejo como poderia estar errada. outras vezes rio de mim mesmo, dizendo-me: mas você não sabe quantas ideias erradas parecem corretas para quem trabalha nelas?...

dúvidas, certezas, esperanças ou medos, naquela noite estávamos contentes. um bom dia. um passo à frente, não sei para onde. também se vive para isso.

Terceira Parte

1.

Todos devem ter percebido que a chave da ideia sugerida por Hal era *o tempo*: um buraco branco é um buraco negro *com o tempo invertido*.

Mas pode-se realmente inverter o tempo? A maioria dos fenômenos acontece numa única direção: invertidos no tempo, não são possíveis. Os copos quebrados não voltam a ficar inteiros, se um ovo cai não volta a subir. Passado e futuro são diferentes.

A reconstrução da vida de um buraco negro que contei até aqui é simples demais — deixa de lado tudo o que distingue o passado do futuro. Para completar a história, também é necessário levar em consideração fenômenos que *não* podem retroceder no tempo: os aspectos "irreversíveis" da vida dos buracos negros.

Isso nos leva — mais uma vez — a perguntar sobre o tempo. Por que o passado e o futuro são tão diferentes? Por que nos lembramos do passado, mas não do futuro? Por que podemos decidir o que fazer amanhã, mas não o que fizemos ontem? As respostas para essas perguntas, que me fascinam e nas quais continuei a trabalhar nos últimos anos, são sutis e acabam nos envolvendo de perto.

Vamos por partes: começo com os aspectos irreversíveis da vida de um buraco negro, conto a vocês uma divertida polêmica em andamento, sobre a qual os cientistas estão se engalfinhando, e depois compartilho algumas coisas que julgo ter entendido sobre a direção do tempo e que me parecem muito interessantes.

* * *

Em 1974, Stephen Hawking fez uma descoberta inesperada: os buracos negros emitem calor.[1] Esse também é um tunelamento quântico, porém mais simples que o rebote da estrela de Planck: são fótons presos no horizonte que não poderiam sair, mas saem assim mesmo graças às concessões que a física quântica faz a todos. "Tunelam" sob o horizonte.

Um buraco negro emite calor como um radiador quente, e Stephen calculou sua temperatura. O calor irradiado rouba energia. O buraco negro perde energia e, portanto, perde gradualmente massa (a massa é energia), torna-se cada vez mais leve, cada vez menor: o horizonte diminui. No jargão da física, diz-se que o buraco negro "evapora".

A emissão de calor é o mais característico dos processos *irreversíveis*: os processos que ocorrem numa única direção são impossíveis de se inverter no tempo. Um aquecedor emite calor e aquece um cômodo frio: vocês já viram as paredes de um cômodo frio emitirem calor e aquecer o aquecedor? Em todos os processos irreversíveis, forma-se calor. Aliás, pensando bem, é até o contrário: todas as vezes que há algo irreversível, há também calor (ou algo análogo a ele):[2] o calor é a marca da irreversibilidade. É o calor que diferencia o passado do futuro.[3]

Portanto, há pelo menos um aspecto irreversível na vida de um buraco negro: o encolhimento gradual de seu horizonte.[4]

Mas, atenção, o encolhimento do horizonte não significa que *o interior* do buraco negro se torna menor. O interior continua grande: só a entrada encolhe. Esse é um ponto sutil que confunde muitas pessoas. A radiação de Hawking é um fenômeno que diz respeito principalmente ao horizonte, não ao interior profundo do buraco negro. Portanto, um buraco negro muito antigo tem uma geometria curiosa: um interior enorme (ele continuou a se alongar), mas um minúsculo horizonte que o fecha (porque evaporou).

Um buraco negro antigo é como uma garrafa de vidro nas mãos de um habilidoso moldador de Murano, que consegue fazer o volume da garrafa aumentar enquanto seu gargalo se torna cada vez mais estreito.

No momento do salto de negro para branco, o buraco negro tem um horizonte minúsculo, mas um volume interno enorme. Uma porta minúscula encerra salas imensas, como nas fábulas.

2.

Nas fábulas encontram-se pequenas cabanas em que, ao entrar, se descobrem espaços imensos. Parece-nos algo impossível, coisa de narrativas fantásticas. Mas estamos enganados: isso é possível na realidade.

O motivo pelo qual nos parece estranho é que estamos acostumados à ideia de que a geometria do espaço é aquela que estudamos na escola, a geometria euclidiana. Não é: a geometria do espaço é distorcida pela gravidade, e essa distorção permite que um volume imenso seja encerrado no interior de uma esfera minúscula. A massa da estrela de Planck criou essa grande distorção.

A evaporação deixa mais estreita a porta de entrada, mas o grande funil interno permanece.

É espantoso, mas é o mesmo tipo de espanto experimentado por uma formiga que sempre viveu numa praça plana ao descobrir que um pequeno buraco dá acesso a uma grande garagem subterrânea. O que o nosso espanto nos ensina é apenas a não confiar demais nas ideias intuitivas: o mundo é mais diversificado e estranho do que imaginamos.

A existência de uma superfície minúscula que encerra um grande volume gerou confusão também no mundo da ciência. A comunidade científica se dividiu e está em disputa sobre essa questão. Vou lhes contar a controvérsia. Este capítulo é mais técnico que o restante, e podem deixar de lê-lo se quiserem. É o relato de uma acirrada polêmica científica em andamento. Contudo, é necessário para meus leitores mais especializados no tema, do contrário eles vão protestar.

A divergência diz respeito à quantidade de *informação* que se pode guardar num objeto com grande volume mas com uma superfície pequena. Uma parte da comunidade científica se convenceu de que um buraco negro com um horizonte pequeno pode conter apenas pouca *informação*. Outra parte não está de acordo com isso.

O que significa "conter informação"?

Mais ou menos isto: há mais coisas numa caixa com cinco grandes bolas de futebol, ou numa caixa com vinte bolinhas de gude? A resposta depende do que entendemos por "mais coisas". Cinco bolas de futebol são maiores, pesam mais, portanto a primeira caixa contém "mais matéria", mais substância, mais energia. Nesse sentido, há "mais coisas" na caixa das bolas de futebol.

Mas o número de bolas de gude é superior ao número de bolas de futebol. Se, por exemplo, quiséssemos enviar sinais colorindo cada bola de gude ou cada bola de futebol com uma cor, poderíamos enviar mais sinais, mais informação, com as bolas de gude, porque elas estão em maior número. Nesse sentido, há "mais coisas", mais detalhes, na caixa das bolas de gude. Mais precisamente: é necessário mais *informação* para descrever as bolas de gude que as bolas de futebol, porque elas são mais numerosas.

Em termos técnicos, a caixa com as bolas de futebol contém mais *energia*, e a caixa com as bolas de gude pode conter mais *informação*.

Um buraco negro antigo, muito evaporado, tem pouca energia: a energia foi roubada pela radiação de Hawking. Ainda pode conter *muita* informação? É essa a controvérsia.

Uma parte dos meus colegas está convencida de que não é possível guardar muita informação numa superfície pequena. Ou seja, está convencida de que, uma vez que a energia saiu quase totalmente, e o horizonte se tornou minúsculo, no interior só pode haver pouquíssima informação.

Outra parte da comunidade científica (à qual pertenço) acredita no contrário: a informação que está num buraco negro — mesmo muito evaporado — ainda pode ser abundante. Cada parte está convencida de que a outra se desviou do caminho.

Polêmicas desse tipo são comuns na história da ciência; ou melhor, são o tempero da ciência. As divergências podem durar muito tempo. As pessoas se dividem, discutem. Brigam. Pouco a pouco, acabam se entendendo. Algumas acabam tendo razão, outras erram.

No final do século XIX, os físicos se dividiram em duas facções: metade seguia Boltzmann e tinha certeza de que os átomos realmente existiam. A outra metade seguia Mach e acreditava que eles eram ficções matemáticas. As polêmicas eram ferozes. Ernst Mach era um grande físico, mas Boltzmann tinha razão: hoje vemos os átomos pelo microscópio.

Penso que os colegas convictos de que um horizonte pequeno só pode conter pouca informação cometeram um erro, embora à primeira vista seus argumentos pareçam convincentes. Vejamos quais são eles.

O primeiro argumento é que é possível calcular *quantos são* os componentes elementares de um objeto (quantas são as suas moléculas, por exemplo) a partir de (da relação entre) sua energia e sua temperatura.[5] Para um buraco negro, conhecemos a sua energia (é a sua massa) e a sua temperatura (Hawking a calculou) e, portanto, podemos fazer o cálculo. O resultado indica que quanto menor o horizonte, menor o número desses componentes elementares. Como ter apenas poucas bolas de gude.

O segundo argumento é que há cálculos explícitos que permitiram contar diretamente esses componentes elementares, usando *ambas* as teorias da gravidade quântica mais estudadas: a teoria das cordas e a teoria dos loops. As duas teorias arquirrivais conseguiram completar esse cálculo em 1996, à distância de alguns meses uma da outra.[6] Para ambas, o número de componentes elementares se torna pequeno quando o horizonte é pequeno.[7]

Parecem argumentos muito fortes. Com base neles, muitos físicos aceitaram um "dogma" (eles também o chamam assim): o número de componentes elementares contido por uma superfície pequena é necessariamente pequeno. Dentro de um horizonte pequeno pode haver pouca informação.

Se a evidência para o "dogma" é tão forte, onde está o erro?

O erro é que ambos os argumentos contam *apenas* os componentes do buraco negro que podem ser contados de fora enquanto o buraco negro continua a ser o mesmo. Esses são *os componentes que residem no horizonte.*

Em outras palavras, ambos os argumentos não levam em conta o grande volume interno. São formulados da perspectiva de alguém que permanece longe do buraco negro, não vê o seu interior e assume que ele continua o mesmo para sempre. Se o buraco negro permanece igual — lembrem-se —, a pessoa que está longe vê apenas o que está fora dele ou o que está precisamente no horizonte. É como se para ela o interior não existisse. *Para ela.* Mas o interior existe! Não apenas para quem se arriscar (como nós) a entrar: mas também para quem tiver a paciência de esperar que o horizonte negro se torne branco, permitindo que o que está preso nele possa sair dali.

Em outras palavras, tomar a descrição de um buraco negro dada pelas cordas ou pelos loops como uma descrição *completa* é não ter assimilado o artigo de Finkelstein de 1958: a descrição de um buraco negro em termos das coordenadas externas é incompleta!

O cálculo em gravidade quântica em loop é revelador: o número de componentes é calculado precisamente contando o número dos "quanta de espaço" *no horizonte*. Mas, observando bem, o cálculo com as cordas também faz a mesma coisa: assume que o buraco negro é *estacionário*, ou seja, não muda nunca, e baseia-se no que se vê de longe. Assim, desconsidera *por hipótese* o que está dentro e que se vê de longe apenas *depois* que o buraco negro terminou de evaporar, ou seja, quando é mais estacionário. Lembrem-se: o interior do buraco negro nada tem de estacionário — muda: o longo tubo se alonga e se estreita.

Em suma, penso que muitos de meus colegas erram por impaciência (acham que tudo precisa se resolver antes do fim da evaporação, quando a gravidade quântica se torna inevitável) e porque deixam de considerar o que está além daquilo que se vê de fora: dois erros que cometemos muitas vezes na vida.

Os discípulos do dogma estão às voltas com um problema. Eles o chamam "o paradoxo da informação nos buracos negros". Estão convencidos de que dentro do buraco negro evaporado já não há informação. Ora, dentro de um buraco negro cai informação porque cai de tudo: cada coisa que cai no horizonte traz informação consigo. A informação não desaparece no nada. Para onde ela vai? Para resolver o paradoxo, os discípulos do dogma imaginam que a informação deve sair de algum modo misterioso, talvez escondida nas dobras da radiação de Hawking, como Ulisses e seus companheiros saem da caverna de Polifemo escondendo-se sob as ovelhas. Ou então especulam que o interior do buraco negro está conectado ao exterior por hipotéticos canais invisíveis... Agarram-se a ideias mirabolantes, em suma. Procuram ideias engenhosas para salvar o dogma, como fazem todos os dogmáticos em apuros.

Mas a informação que entrou no horizonte não sai dali por magias arcanas. Sai do horizonte depois que este se transformou, como Gandalf, em branco.

Nos seus últimos anos, Stephen Hawking dizia que não devemos ter medo dos buracos negros da vida: cedo ou tarde saímos deles. Saímos deles passando por um buraco branco.

mas quando há discordâncias, há também dúvidas: e se os outros tivessem razão? o que fazer? ler, tentar compreender as razões alheias, questionar-se. mas depois, se no final ainda nos parece que eles é que estão errados, temos de ter a coragem de ouvir a voz do doce mestre: "vem, e ignora das gentes os comentos, sê como torre que nunca estremece seu firme cimo por soprar de ventos". no fundo, isso é fazer ciência. o objetivo não é convencer quem está à nossa volta: o objetivo é chegar a compreender. a clareza surgirá, seguindo o seu curso. com os seus tempos. é preciso ter uma humildade infinita para não confiar em si mesmo. mas também uma altivez infinita para ter a força de ir "pelo deserto plano". foi o que fizeram todos os que abriram caminhos.

* * *

quando escrevo tenho em mente dois leitores: um não sabe nada de física e tento lhe transmitir o fascínio dessa pesquisa. o outro sabe tudo: tento lhe oferecer novas perspectivas. para ambos, reduzo à essência: creio que quem não sabe nada de física se interessa apenas pelo fundamental, os detalhes são cargas desnecessárias. quem já conhece os detalhes, por sua vez, certamente não está interessado em ouvi-los de novo.

mas, desse modo, acabo descontentando — às vezes até entediando — a categoria intermediária: os que conhecem um pouco sobre essas coisas, talvez sem terem se aprofundado totalmente nelas. os estudantes de física, por exemplo. as piores críticas que recebo vêm deles. eu entendo: é frustrante ver detalhes estudados com dificuldade serem ignorados e, ainda mais, encontrar as coisas apresentadas de maneira diferente do que está escrito nos sagrados livros. peço desculpas a esses leitores...

contudo, há outro motivo pelo qual às vezes incomodo os profissionais mais jovens: não uso o jargão específico da área. não chamo as coisas pelos nomes usados na profissão. imaginem um marinheiro que, em vez de ouvir "lasque a escota da caranguejeja!", ouça alguém gritar "solte um pouco a corda presa à vela principal!": ficaria transtornado. no entanto, quem não é do ramo acha mais compreensível "solte um pouco a corda presa à vela principal!" do que "lasque a escota da caranguejeja!".

ao ler as últimas páginas, jovens que estudaram esses assuntos recentemente levarão as mãos aos cabelos: "mas por que esse bendito rovelli não chama as coisas pelos seus nomes?". tento remediar isso: a extensa nota referenciada aqui adiante é uma tradução para o jargão da física. ela diz as mesmas coisas que as páginas anteriores, mas em termos técnicos. meus leitores leigos não obterão nenhum benefício dela — meus leitores acostumados ao jargão se sentirão um pouco mais em casa, e acharão o assunto mais preciso.[8]

3.

Deixemos essa divagação sobre a polêmica em torno do "paradoxo da informação" (que não é um paradoxo), e voltemos ao nosso tema. A radiação de Hawking é irreversível, como o resfriamento de um aquecedor quente. Portanto, a vida de um buraco negro não pode ser reversível. O rebote não pode ser completo. Voltemos à bola que quica no chão. Escrevi que ela quica para o alto movendo-se como no percurso da queda, visto ao contrário no tempo. Mas isso não é exatamente verdadeiro. O atrito do ar retarda a queda e retarda também a subida, o rebote no chão nunca é perfeitamente elástico: deixa uma marca. Esses são fenômenos irreversíveis. Fazem com que a bola dissipe energia em calor. A subida depois do rebote não é exatamente igual à queda: não volta até a altura de onde a queda começou.

Em outras palavras, o rebote da bola é um fenômeno reversível apenas numa primeira aproximação. Visto com mais precisão, intervêm também fenômenos irreversíveis que fazem com que toda a história não seja realmente simétrica no tempo: o passado e o futuro são diferentes.

O mesmo acontece com a estrela de Planck: o buraco negro perde energia emitindo a radiação de Hawking, torna-se pequeno, e quando a estrela ricocheteia em buraco branco, este não retorna ao mesmo tamanho que o buraco negro tinha inicialmente: continua pequeno. O buraco branco que se forma é menor que o buraco negro pai.

A radiação de Hawking pode reduzir o horizonte até fazer com que se torne minúsculo. Àquela altura, a distorção do espaço-tempo em torno do horizonte é muito grande. Está, portanto, em pleno regime quântico e a probabilidade do salto de negro para branco se torna muito grande: o salto acontece.[9] O buraco branco não tem energia para voltar a crescer. Continua muito pequeno.

Emite uma radiação muito fraca por um tempo muito longo,[10] até desaparecer totalmente.

Os percursos da energia e da informação durante todo o processo da vida da estrela de Planck são, portanto, muito diferentes. A quase totalidade da energia inicial da estrela vai embora na radiação de Hawking. A maneira como a própria estrela perde sua energia é curiosa, e genuinamente quântica: a radiação de Hawking tem um componente de energia negativa (sim, a energia também pode ser negativa no mundo quântico!) que entra no buraco negro. Ela corrói a massa do buraco negro e acaba chegando à estrela, aniquilando sua energia (positiva) inicial. A energia residual que chega ao buraco branco é muito pouca. Este é o fluxo da maior parte da energia:

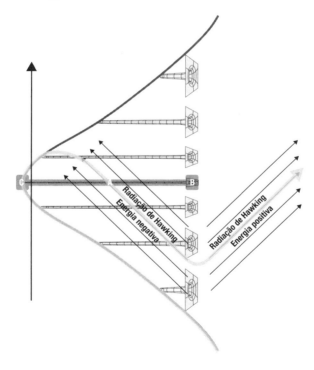

Ao contrário, a informação que entrou no horizonte fica presa até depois do salto quântico. O salto a liberta "pra voltar ao claro mundo".

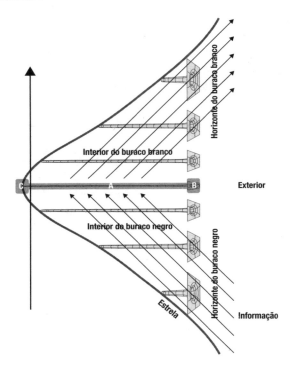

Para fazer sair muita informação com pouca energia de um horizonte muito pequeno é necessário um tempo muito longo (pensem em inúmeras bolinhas muito pequenas que devem sair de um pequeno buraco).

Quando toda a informação e o resíduo de energia interna saíram, encerra-se o ciclo da longa vida feliz do rebote de uma estrela de Planck.

4.

Estamos quase chegando ao fim desta história. Mas a trama sutil entre aspectos reversíveis e irreversíveis do tempo que nos permite desvendar o destino dos buracos negros deixa em aberto questões muito gerais sobre o sentido da passagem do tempo. Antes de encerrar este breve relato, não quero deixar de abordá-las.

O rebote é permitido pela simetria em relação à inversão do tempo, mas o tempo mantém a sua direção: o momento preciso do rebote é simétrico no tempo, mas no seu conjunto o processo inteiro não é. As espantosas distorções temporais nos buracos negros e brancos desafiam a nossa intuição do tempo, mas não afetam sua orientação: o passado continua a ser diferente do futuro. Como é possível?

A física nos diz algo muito estranho sobre a direção do tempo,[11] e o leitor atento talvez tenha percebido e se questionado: primeiro escrevi que as equações fundamentais não distinguem entre passado e futuro. A direção do tempo não provém delas. Mas depois falei de fenômenos orientados no tempo. De onde vem a direção do tempo, se não está escrita na gramática fundamental do mundo?

Vem do fato de que vivemos numa das muitas soluções possíveis das equações fundamentais, e *nesta solução*, ao menos da nossa perspectiva, o passado parece especial. Ou seja, a diferença entre passado e futuro é um pouco como a diferença entre duas direções geográficas para quem mora numa montanha: numa se sobe, na outra se desce. Não porque essas direções sejam intrinsecamente diferentes; apenas porque, ali em torno, acontece que as coisas estão arranjadas dessa forma. No lado italiano do monte Branco, "para o alto" fica no norte; no lado francês, fica no sul. O irresistível fluxo do tempo é um reflexo da maneira como acontece de as coisas estarem arranjadas.

Isso também ocorre com uma estrela de Planck. A diferença entre passado e futuro não vem de uma dissimetria intrínseca do tempo. Vem do fato de que o passado era especial. Pensem nisso: no futuro, a radiação de Hawking enche o céu de energia, dissipando-a por todo lado. No passado, ao contrário, essa energia estava concentrada na estrela que colapsava. O passado, portanto, era especial porque a energia estava concentrada, ao invés de estar difusa como vem naturalmente a se encontrar no futuro. A direção do passado é a especial, assim como numa cidade nas montanhas a direção especial é lá onde está o topo.

Não é fácil assimilar essa equivalência profunda entre passado e futuro. Vai contra as nossas intuições mais arraigadas. É realmente possível que *todas* as diferenças entre passado e futuro se reduzam *apenas* a uma consequência de como as coisas estavam arranjadas no passado? Nossa intuição nos diz o contrário, nos diz que o passado é radicalmente diferente do futuro: é determinado, ao passo que o futuro é indeterminado. A própria natureza da realidade, nos diz a nossa intuição, é um fluir num tempo orientado. É possível que a nossa intuição erre tanto? Se erra, por que o faz?

Eu me fiz essas perguntas muitas vezes nos meses de trabalho febril sobre os buracos brancos e sobre suas distorções temporais, enquanto ziguezagueava entre os aspectos reversíveis e irreversíveis dos horizontes.

Há dois fatos evidentes que conhecemos de perto e que distinguem radicalmente o passado do futuro. Parecem ser tão básicos e banais que nos impossibilitam até de levar em conta a ideia de que na natureza o tempo não tem uma direção própria. São duas assimetrias muito claras entre passado e futuro, que parecem irredutíveis.

A primeira é que conhecemos o passado (não o futuro). O passado, portanto, nos parece fixo, determinado. A segunda é que

podemos decidir sobre o futuro (não sobre o passado). O futuro nos parece aberto, indeterminado. É possível que diferenças tão fundamentais entre passado e futuro sejam apenas acidentes da configuração das coisas?
Isso é impressionante. Mas podemos explicar isso.

5.

Imaginem dois tanques cheios de água, ligados por um canal curto fechado por uma comporta estanque que pode ser aberta ou fechada.

Se a comporta é aberta, a água nos tanques se nivela na mesma altura. Esse é um estado de equilíbrio. Tudo é estático, nada diferencia o passado do futuro: um filme da água reproduzido ao contrário não é distinguível do filme original.

Fechamos a comporta e acrescentamos água num dos tanques. A altura da água fica maior num dos tanques. Cada tanque está em equilíbrio por si só, mas os dois tanques não estão em equilíbrio entre si. Há um desequilíbrio mantido pela comporta que impede a difusão. Também neste caso, tudo é estático e nada diferencia o passado do futuro: um filme da água reproduzido para trás não é distinguível do filme reproduzido para a frente.

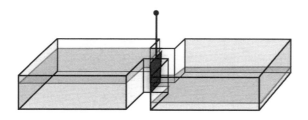

Consideremos agora o caso em que a comporta se abre por um breve instante. Um pouco de água entra no canal, flui para o tanque menos profundo, gera uma onda que se propaga nesse tanque.

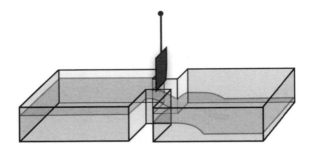

A onda rebate nas paredes, se dispersa, e depois se acalma. A altura da água nos dois recipientes se equilibra um pouco.

Tudo isso faz parte da nossa experiência cotidiana. A energia da onda liberada pela abertura da comporta se chama "energia livre". A energia livre se dissipa: quando as ondas se acalmam, ela não existe mais, se "dissipou". Dispersou-se entre as moléculas da água: se difundiu no movimento desordenado das moléculas de água, que percebemos como calor. A energia livre se dissipa em calor.

É interessante a fase intermediária desse processo: depois da abertura da comporta, antes do restabelecimento da calma. O que acontece *nesse* intervalo (e *apenas* nesse intervalo) é orientado no tempo. Se o filmamos e reproduzimos o filme ao contrário, vemos algo absurdo: a água começa a se agitar sozinha, se organiza numa grande onda, entra no canal, deixando atrás de si a calmaria, e se reúne além da comporta precisamente um instante antes que ela se feche. Isso não acontece na realidade.

O fluxo da água para o tanque menos cheio é um fenômeno *irreversível*. Como o ovo quebrado que não volta a ficar inteiro. Antes da abertura da comporta, tudo é reversível; depois que as ondas se acalmaram, tudo é igualmente reversível. Na fase intermediária temos a irreversibilidade.

Três ingredientes dão lugar a essa irreversibilidade: (1) o desequilíbrio inicial — água em alturas diferentes nos dois tanques; (2) algo que manteve esse desequilíbrio por muito tempo — a comporta; e (3) o fato de ser necessário tempo para atingir novamente o equilíbrio.

Essas três condições — (1) desequilíbrio inicial; (2) sistemas isolados que interagem esporadicamente; e (3) tempos longos de balanceamento — encontram-se por toda parte no universo em que vivemos.

(1) No passado, o universo era muito comprimido: essa é uma situação de desequilíbrio. Desde então, ele se expandiu e ainda o faz: não está em equilíbrio.

(2) O universo está repleto de desequilíbrios preservados por "comportas". Por exemplo, o hidrogênio e o hélio estão em desequilíbrio como os tanques de água: a "comporta" que os impede de se equilibrar é o fato de que a transformação de hidrogênio em hélio não acontece a baixas temperaturas. No entanto, de vez em quando uma grande nuvem de hidrogênio se comprime por gravidade, esmagando-se, e se aquece; a temperatura sobe e isso abre a possibilidade da transformação do hidrogênio em hélio: a "comporta" que coloca hidrogênio e hélio em comunicação se abriu. Nasceu uma estrela. As estrelas são o canal onde se abriu uma passagem, como o canal ao longo do qual a água flui entre os dois tanques: o hidrogênio se transforma em hélio, buscando o equilíbrio. O processo é irreversível, como a onda da água que se lança para o recipiente menos cheio.

(3) A água dos tanques só atinge o equilíbrio depois de alguns minutos, mas uma estrela como o Sol leva bilhões de anos para queimar. A onda de irreversibilidade que ela produz, assim como a onda que sai do tanque alto, atinge a Terra cotidianamente, dando lugar aos inúmeros processos irreversíveis que constroem a biosfera. Nós, seres vivos, somos os redemoinhos gerados pelas ondas da água liberada pela abertura da comporta. Somos a efervescência irreversível da energia livre que estava aprisionada no desequilíbrio entre o hidrogênio e o hélio e foi liberada pelo Sol.

* * *

Chegamos ao ponto-chave. Prestem atenção ao último desenho: a água que sai do canal. Sem outra informação, vocês podem deduzir que a comporta foi aberta há pouco. A onda *testemunha* que alguma coisa aconteceu *antes*: a abertura da comporta. Alguma coisa no presente nos informa sobre um evento *no passado*.

Traços, memórias, registros são todos fenômenos como esse. Fenômenos irreversíveis. Para que ocorram, basta que existam as três condições que listei: (1) sistemas em desequilíbrio, (2) que interagem ocasionalmente, e (3) o sistema que guarda o traço, a memória, o registro, que, por sua vez, deve ficar longe do equilíbrio por algum tempo.

O desequilíbrio inicial no passado é o motivo pelo qual o presente tem traços *do passado*. A formação de cada traço é apenas um passo intermediário para o equilíbrio.[12] Se o presente tem traços do passado, portanto, é apenas por causa do desequilíbrio no passado.

Só por isso lembramos o passado e não o futuro: pelo desequilíbrio inicial. Conhecemos o passado porque no presente há traços dele na nossa memória, por exemplo. Eles existem porque no passado havia um desequilíbrio. Não é uma direção intrínseca do tempo que torna o passado cognoscível — determinado —, é como as coisas estavam dispostas a certa altura do tempo, que chamamos passado. É o desequilíbrio no passado, apenas isso, que dá lugar à existência dos traços.[13] Dizer que o passado é determinado equivale a dizer que temos muitos traços dele.

Um meteorito que cai na Lua traz *energia livre*. A cratera é o traço que ele deixa, que permanece até que a incessante decomposição das coisas a apagará. Nessa fase intermediária, a cratera é um *traço* do impacto, uma *memória* do impacto. Os traços existem nesse tempo intermediário. Uma cratera é como uma onda no tanque, em escalas de tempo mais longas. O mesmo vale para uma fotografia, para as memórias em nosso cérebro. Elas existem graças ao fato de que energia livre chegou a um sistema (o filme, o nosso cérebro) de um outro sistema que não estava em equilíbrio com ele, e ao fato de que o balanceamento leva tempo.

O motivo pelo qual nos lembramos do passado, e não do futuro, está inteiramente no fato de que o universo estava mais distante do equilíbrio num momento do passado do que está agora.

Se posteriormente um sistema atinge o equilíbrio completo, não existem mais traços, não existe mais memória, não existe nada que diferencie o passado do futuro. Cedo ou tarde, toda memória desaparece, apagada pelo desgaste do tempo. Cedo ou tarde, das nossas orgulhosas civilizações, do que compreendemos, e das palavras de um livro como este, das nossas polêmicas, das nossas paixões desesperadas e dos nossos amores não restará vestígio algum.

6.

Outro fenômeno irreversível que parece inexorável, e que nos diz respeito ainda mais de perto, é o fato de que podemos escolher o futuro, mas não podemos escolher o passado. Quando tomamos uma decisão, consideramos os prós e os contras, examinamos as nossas informações, consultamos a nossa memória, avaliamos os nossos objetivos, levamos em conta os nossos valores, pesamos as nossas motivações, os nossos desejos, as nossas convicções éticas profundas etc. etc., e no final decidimos: "Sim, considerando tudo, vou pegar a barra de chocolate na despensa".

Uma decisão é um processo complexo. Um computador que joga xadrez e antes de fazer um movimento "pensa sobre ele" faz a mesma coisa, ainda que de maneira menos complexa que nós. "Decidir" é o nome que damos a esse complicado processo que se desenvolve entre os nossos neurônios antes de uma ação. Não é estranho: o mundo está repleto de processos complicados. Mas há outro aspecto da decisão que é importante para nós: podemos decidir "livremente". Talvez ao final de um atribulado processo de avaliação, ou então de repente, sem pensar muito, mas somos *nós* que decidimos espontaneamente, de uma maneira que não pode ser antecipada. Em decorrência dessa nossa decisão livre, o mundo pode evoluir para dois futuros diferentes. Em suma, também poderíamos não ter comido a barra de chocolate (digamos — depois de ter comido). Podemos decidir "livremente", mas só o futuro, não o passado.

De onde vem *essa* assimetria do tempo?

A resposta é sempre a mesma: é o resultado do desequilíbrio no mundo em que vivemos. Uma decisão também é um passo irreversível para o equilíbrio.[14] A liberdade da escolha diz respeito à descrição *macroscópica* do que acontece, não à *microscópica*. É a *macro*-história que se desenvolve. Isso é possível porque diversos *macro*futuros são compatíveis com o mesmo *macro*passado, uma vez que àquele *macro*passado correspondem diversos *micro*passados.

A busca pela liberdade de nossas decisões, que nos é cara, é real, mas — como já esclarecera Espinosa no século XVII — é apenas a nossa forma de chamar o fato de que não somos capazes de reconstruir totalmente o que acontece na escolha, prever o que vamos decidir. Escreve Espinosa: "Por estarem conscientes de suas volições e de seus apetites, os homens se creem livres, mas nem em sonho pensam nas causas que os dispõem a ter essas vontades e esses apetites, porque as ignoram".[15] E ainda: "Os homens [...] ao dizerem que as ações humanas dependem da vontade estão apenas pronunciando palavras sobre as quais não têm a mínima ideia. Pois, ignoram, todos, o que seja a vontade e como ela move o corpo".*[16]

Alguns, estranhamente, ficam muito perturbados por esse fato. Creio que estão cometendo um erro, o erro do velho pescador.[17]

* * *

era uma vez um velho pescador que gostava muito do pôr do sol. o horizonte explode de cores vivas, o sol desce majestoso e mergulha lentamente no oceano, o céu se tinge de um doce tom de safira oriental, e uma a uma as estrelas se acendem.

um dia, um homem da cidade procurou o velho pescador e lhe disse: "sabe, o sol não mergulha no oceano. o sol está parado lá fora, sempre brilhante. o que você vê é apenas um espetáculo de perspectiva devido à rotação do planeta no qual estamos".

---

* As citações de *Ética*, de Espinosa, foram retiradas da tradução de Tomaz Tadeu (Belo Horizonte: Autêntica, 2009). (N. E.)

o velho pescador ficou perplexo. ele confiava no homem da cidade. começou a se inquietar.

o pôr do sol é uma ilusão — dizia consigo mesmo —, portanto não é real. há anos observava um evento irreal. tinha enganado a si mesmo por toda a vida.

se o pôr do sol é uma ilusão — pensava —, não podemos confiar nele. temos de aprender a pensar sem pores do sol. tentou fazer isso, e foi um desastre; não sabia quando tinha de ir dormir, à tarde não esperava a chegada da noite, e se o pôr do sol acontecia, ele repetia: "é uma ilusão, não é verdade, não existe pôr do sol, o sol não mergulha no oceano: o sol brilha sempre, devo levar a realidade a sério, não devo dormir". não conseguiu mais dormir. acabou enlouquecendo.

o bom velho estava cometendo um erro, obviamente, mas um erro pequeno. a pergunta que o incomodava era se o pôr do sol era real ou ilusório. a realidade do pôr do sol é desmentida pelo conhecimento do homem da cidade, no qual o velho confia: o sol não mergulha no mar. mas negar a realidade do pôr do sol parece ridículo e leva a deduções dramáticas e insensatas. onde está a confusão?

a confusão está no significado de "pôr do sol". o velho cresceu com uma ideia do que é um pôr do sol: é o sol que mergulha na água do oceano. ao aprender que o sol não mergulha no oceano, concluiu que não existe pôr do sol.

mas todos nós, que conhecemos copérnico, falamos tranquilamente de pores do sol mesmo sabendo que o sol não se move. apreciamos os pores do sol, confiamos neles, e nem sequer nos passa pela cabeça dizer que eles não existem.

reajustamos o conceito de "pôr do sol". o pôr do sol para nós é real, é o mesmo de antes. mas não é mais o sol que mergulha na água do mar. é, se queremos mesmo pensar nisso, o que acontece quando a rotação da terra nos leva para fora da sua parte iluminada. mas continua a ser um pôr do sol.

* * *

Em que medida temos de nos desconcertar com a descoberta de que passado e futuro não passam de fenômenos de perspectiva? Que a nossa liberdade é um fenômeno macroscópico, que não tem correspondente no nível microscópico? Na mesma medida que descobrir que o pôr do sol não é o Sol que mergulha no mar: não muda nada na nossa vida.

Aliás, descobrir que a lógica sutil que orienta os buracos negros é a mesma que orienta a nossa memória e as nossas escolhas faz com que nos sintamos parte do mesmo percurso global, do mesmo fluxo.

Toda a informação no mundo macroscópico nasce da dissipação de um desequilíbrio no passado.[18] A informação guardada em cada memória vem da informação implícita no desequilíbrio passado. A informação criada em cada escolha livre é paga por uma diminuição do desequilíbrio, portanto ainda pelo desequilíbrio no passado.

O ponto de chegada me parece extraordinário: os nossos neurônios, os nossos livros, os nossos computadores, o DNA das nossas células, a memória histórica de uma instituição, todo o conteúdo de dados na internet, ou a "doce guia que sorrindo fulgia no santo olhar", a fonte última de toda a informação de que são feitas a vida, a cultura, a civilização, a mente, não são senão o desequilíbrio do universo no passado.[19]

Toda a biosfera, toda a cultura são como os redemoinhos da onda entre os dois tanques de água, a precipitação irreversível de um estado de desequilíbrio, retardado, no decorrer de bilhões de anos, pela lentidão dos fenômenos de balanceamento.

É apenas por isso que os efeitos vêm depois, não antes, das causas. Uma causa é uma intervenção que deixa um traço, uma memória: o seu efeito. A relação entre causa e efeito é um passo no equilibrar-se do mundo. A física das causas e dos efeitos é a mesma física dos traços e da memória. Como esta, diz respeito ao balanceamento.[20] A direção do tempo é esse equilibrar-se das coisas. Esse andar rumo ao equilíbrio. Um fenômeno acidental, devido ao estado de coisas especial no tempo que chamamos passado.

É um fenômeno de perspectiva, porque diz respeito à descrição *macroscópica* do mundo e depende das variáveis macroscópicas usadas para descrevê-lo. Mas os fenômenos de perspectiva podem ser majestosos. A rotação do Sol, da Lua e das estrelas ao nosso redor todos os dias é um fenômeno de perspectiva — as estrelas e o Sol por si sós não giram: nem por isso a rotação do céu é menos majestosa.

Assim é majestoso o fluxo cósmico do tempo.

* * *

Num universo em equilíbrio, como no tanque depois que a onda se acalmou, nenhum fenômeno nos permitiria distinguir o passado do futuro. Não poderíamos dizer em que direção vai o tempo.

Mas haveria uma consequência ainda mais radical para nós: nossos pensamentos não poderiam existir. Não poderíamos observar, raciocinar, porque para pensar dissipamos energia. Não teríamos sentidos, porque os sentidos registram, ou seja, são memórias. Portanto, não funcionam numa situação de equilíbrio. Não poderíamos ouvir música, porque a música existe na nossa cabeça enquanto *recordamos* as notas precedentes. Não existiríamos como seres pensantes e sencientes.

É porque para pensar é necessário o desequilíbrio que nos é tão natural pensar num tempo orientado, e tão difícil aceitar a ideia de que a orientação do tempo não é fundamental. O tempo no nosso pensamento é orientado porque o nosso pensamento é, ele mesmo, um fenômeno irreversível. Porque *nós* somos fenômenos irreversíveis.

Numa versão naturalizada de Kant, podemos dizer que a existência de uma flecha do tempo — ou seja, as três condições do item anterior: desequilíbrio, separação dos sistemas e longos tempos de relaxamento — é uma condição necessária a priori para a consciência, porque o conhecimento é um fenômeno natural em seres naturais como nós, cuja sensibilidade, cujos pensamentos são um fenômeno macroscópico que depende precisamente dessa flecha do tempo.

Eis, finalmente, a resposta para a pergunta sobre por que é tão difícil pensar a natureza não orientada do tempo: porque o nosso pensamento é filho da orientação do tempo, é um dos produtos do desequilíbrio inicial.

Cometemos sempre o erro de nos pensar diferentes do mundo que nos cerca, pensamos que o olhamos de fora. Esquecemos que somos como as outras coisas. Que olhamos as coisas sendo como elas.

Por isso toda investigação sobre as coisas sempre nos diz respeito de perto.

Mesmo quando tentamos entender os buracos brancos, não somos pura razão, não somos parte de um mundo diferente dos objetos que tentamos compreender. Somos processos guiados pelas próprias estrelas.

* * *

talvez seja por esse motivo que nos interessa o que acontece no final de uma queda no interior de um buraco negro... perguntar-me qual é esse motivo — creio — é a verdadeira razão pela qual escrevo. melhor: pela qual escrevo e reescrevo estas páginas compostas em camadas, misturadas continuamente... a ordem das palavras tem pouco a ver com a ordem confusa em que nascem (estou na quinta revisão). a ordem do tempo sempre tem algo de reconstruído. o fluir da realidade é mais fluido que qualquer uma de nossas aflitas tentativas de capturá-lo... o tempo não é o mapa da realidade: é uma forma de armazenamento da memória...

estudar uma coisa é se relacionar com essa coisa, é formar correlações que nos permitem nos representar, simplificar e prever como aquela coisa, aquele processo, se desenvolve.

compreender é identificar-se com a coisa compreendida, construir um paralelismo entre algo que está na estrutura das nossas sinapses e a estrutura do objeto do nosso interesse. o conhecimento é correlação entre duas partes da natureza. a compreensão é a comunhão mais abstrata, porém mais íntima, entre nossa mente e os fenômenos.

essa trama de correlações entre a infinita riqueza da nossa memória individual e coletiva e a fabulosa riqueza da estrutura da realidade é, ela mesma, um produto indireto do equilíbrio das coisas no tempo.

nós, seres de pensamento e de emoções, somos essa trama, que se formou no âmbito macroscópico entre nós e o mundo. não somos apenas seres sociais que vivem em relação a outros seres humanos e organismos bioquímicos que queimam energia livre do sol, em coro com o resto da biosfera: somos também animais dotados de neurônios entrelaçados, graças a essas correlações, com a realidade.

somos curiosos por tudo, como os gatos, até pelos buracos brancos. é próprio da nossa natureza querer ir ver. mas chamar isso de "curiosidade" talvez seja redutivo. é o nosso natural ir em direção às coisas, porque as coisas são o que nós somos, são nossas irmãs.

a emoção da descoberta, as horas passadas discutindo e pensando, a alegria leve daquele dia com hal... tudo isso não é apenas curiosidade: é um estranho e incerto desejo de se aproximar das coisas. "íamos, pelo deserto plano, avante"... afinal, parece-me que o verdadeiro sentido das palavras não é comunicar. é ter as coisas conosco, estar em relação a elas.

quando falamos com amigos, com as pessoas que amamos, não falamos para lhes dizer algo, é o contrário: usamos a desculpa de querer lhes dizer algo para poder falar com eles.

quando, no paraíso, dante interroga beatriz sobre as questões doutrinais, são realmente elas que o motivam? ou, ao contrário, chegar ao momento em que "beatriz volveu-me o seu divino olhar de centelhas de amor tão incendido, que o não pôde o meu ânimo enfrentar; e os olhos abaixei, quase perdido"...?

o mesmo acontece com o mundo. estudar o espaço, o tempo, os buracos negros e brancos, é um dos nossos meios de estar em relação com a realidade. não é "ela": é "você". como fazem os poetas líricos quando falam à lua. no livro da selva, todos os animais trocam um grito de reconhecimento recíproco: "nós somos do mesmo sangue, tu e eu".*

creio que deveríamos nos dirigir ao universo sempre com um "você", para compreendê-lo e para compreender a nós mesmos. o "você" que reconhece a nossa identidade com as coisas: somos do mesmo sangue, você e eu. todas as vezes que há um novembro úmido e chuvoso em nossa alma, podemos subir silenciosamente no navio que nos leva pelo mundo.

há muitos anos, viajando sozinho pela índia, me senti espremido e sacudido por longas horas num ônibus precário, incrivelmente abar-

---

* Rudyard Kipling, Os livros da Selva. Trad. de Julia Romeu. São Paulo: Companhia das Letras, 2015. (N. E.)

rotado de seres humanos e animais, que avançava no calor escaldante de um campo interminável. pressionado contra mim e igualmente sacudido estava um garoto indiano de jeito tímido vestido com uma túnica branca. depois de muito tempo, ele me dirigiu cautelosamente a palavra para perguntar se podia me fazer uma pergunta. a pergunta, sem rodeios, era qual era o meu caminho para chegar a deus. obviamente, eu não soube responder. talvez hoje, tantos anos depois, eu poderia lhe dizer algo.

o sentido da vida, segundo um ancião sioux, é entoarmos um canto para todas as coisas que encontramos.

este é o meu canto para os buracos brancos.

7.

Temos o quadro completo. Uma grande nuvem de hidrogênio navegando pelos espaços cósmicos começa a se adensar, atraída sobre si mesma por sua própria gravidade. Contraindo-se, ela se aquece e chega a se acender, tornando-se uma estrela. O hidrogênio queima por bilhões de anos até se consumir em hélio e outras cinzas. A gravidade se torna irresistível e a estrela afunda num buraco negro. Ou então, um buraco negro se forma no inferno do universo primordial, quando as flutuações e o calor de todas as coisas são violentos.

Independentemente de como se formou, a matéria afunda e alcança rapidamente o centro. Aqui a estrutura quântica do espaço e do tempo a impede de se esmagar ainda mais. Ela se torna uma estrela de Planck, que ricocheteia e começa a explodir.

Ao redor dela, dentro do buraco negro, também o espaço realiza o salto quântico e sua geometria se rearranja, como Gandalf, de negro para branco.

O processo de transição é da mesma natureza que o processo que levou ao Big Bang, talvez a partir do colapso de um universo anterior: espaço e tempo se dissolvem e voltam a se formar. É um processo fora do espaço e fora do tempo, e não obstante descrito pelas equações da gravidade quântica.

No buraco branco, tudo o que estava caindo passa a voar para cima. Por fim, tudo o que entrou sai completamente pelo horizonte branco, e volta a rever o Sol e as outras estrelas. Observado de fora, todo o processo dura muito tempo. Até bilhões de anos ou mais. O buraco negro leva um tempo muito longo para evaporar,[21] e o buraco branco demora um tempo ainda mais longo para se dissipar,[22] para fazer sair toda a informação e aquele pouco de energia que resta, até que a longa vida feliz desse extraordinário processo termina.

Longa sim, mas finita, como é finita a vida de todos nós, de todo organismo vivo, de toda estrela, toda galáxia, de todas as histórias neste universo de alegria e dor. Nem mesmo os buracos brancos são eternos.

Mas esse "por muito tempo" se refere ao tempo que passa *para quem está fora dele*, que vê colapsar uma estrela e espera que o buraco negro evapore, se transforme em branco, e tudo o que está em seu interior saia lentamente até a dissipação do horizonte. Este é o tempo *externo*. Quem entrasse, como nós entramos, no horizonte, juntamente com a matéria que o forma colapsando ou em qualquer momento subsequente, chegaria numa fração de segundo — no máximo em algumas horas, se a estrela era realmente muito grande — até a região quântica, a atravessaria num instante, e num tempo igualmente curto sairia pelo horizonte do buraco branco, encontrando-se, no arco de muito pouco de *seu* tempo, no futuro distante em relação a quando entrou.

Poucos instantes internos são bilhões de anos no exterior. Perspectivas sobre o tempo tão sideralmente diferentes convivem em nosso universo. Nossa intuição habitual da longa vida conjunta do universo é abalada por elas. A gravidade dobra o tempo mais do que imaginávamos. Todo o processo da vida de um buraco negro e branco é como um atalho para chegar quase num segundo a um futuro sideralmente distante.

Este é, afinal, o rebote de uma estrela de Planck: um atalho para o futuro. Uma maneira de se esconder em segurança por um instante, enquanto lá fora os éons do tempo fluem lentamente.

E, no entanto, isso também é apenas a dissipação de uma energia livre concentrada: um pequeno capítulo num crescimento global da entropia. Por um lado, os buracos brancos abalam o nosso sentido do tempo; por outro lado, eles nos mostram mais uma vez a vastidão do grande rio que é a dissipação rumo ao equilíbrio. A eterna corrente de Rilke, *que incessantemente arrasta consigo todas as épocas, através desses dois reinos, e a ambos se impõe*.

Para quem está do lado de fora, o buraco branco que permanece por longo tempo é um pequeno objeto muito estável, que irradia fracamente a sua ínfima energia residual. Por dentro, ainda é um mundo vasto, mas do lado de fora se comporta como uma simples massa muito pequena, com gravidade totalmente normal.

De que tamanho é essa massa? Não menor que a massa de Planck, porque um horizonte com a massa de Planck tem as dimensões de uma área de Planck, e a granularidade do espaço impede que exista algo menor. Mas tampouco muito maior, porque um buraco branco grande é instável e voltaria a ser um buraco negro.[23] Uma massa de Planck é a massa de um pequeno fio de cabelo.

Um buraco branco no céu é como um pedacinho de cabelo flutuante.

Diferentemente de um fio de cabelo, não tem cargas elétricas, portanto não interage com a luz: não pode ser visto. Tem apenas sua força de gravidade extremamente fraca. Se, no universo primordial ou numa fase do universo anterior ao Big Bang, se formaram muitos buracos negros que agora já evaporaram, é possível que neste momento existam milhões desses grãozinhos invisíveis de poucas frações de gramas flutuando no céu.

* * *

eles realmente existem?
quem sabe? hal e eu gostaríamos muito que existissem. assim como aquele rápido olhar inicial, toda verdadeira história de amor só pode começar, nunca terminar: a história que contei e recontei ao escrever e reescrever estas linhas não terminou, é uma história que está se desenvolvendo. olhamos para o mistério. tentamos vislumbrar através da escuridão e interpretar os sinais.

talvez, assim como aconteceu por décadas com o buraco negro no centro da via láctea, cujo chiado foi ouvido por milhões de norte-americanos na tarde de 15 de maio de 1933, sem que ninguém soubesse o que era, talvez possamos até já ter revelado há muito estes minúsculos buracos brancos no céu, sem ainda tê-los reconhecido: há muito tempo, os astrônomos têm observado que o universo está repleto de uma misteriosa poeira invisível, que só se revela por sua gravidade. é chamada de "matéria escura".

uma parte da matéria escura poderia ser talvez constituída precisamente por bilhões e bilhões desses pequenos e delicados buracos brancos, que invertem o tempo dos buracos negros, mas não muito, e flutuam suavemente pelo universo, como libélulas...

Londres, Ontário, Marselha, Verona, 2020-22

Notas

PRIMEIRA PARTE [pp. 11-49]

1. D. Finkelstein, "Past-Future Asymmetry of the Gravitational Field of a Point Particle". *Physical Review*, v. 110, pp. 965-7, 1958.

2. Se esse relato muito resumido de toda a história da física teórica lhes parecer incompreensível, não faz mal... não é necessário para o que vem a seguir. Mas, caso se interessem por essa história, eu a narro em detalhes em *A realidade não é o que parece* (Rio de Janeiro: Objetiva, 2017).

3. Descrevo o interior da geometria de Schwarzschild usando a foliação que maximiza o volume das superfícies em tempo constante. Para detalhes técnicos: M. Christodoulou, C. Rovelli, "How Big Is a Black Hole?". *Physical Review D*, v. 91, 2015.

4. Falta uma dimensão no desenho: os círculos representam esferas.

5. Linji Yixuan, *Línjí lù*, Taishō Shinshū Daizōkyō, 1958; ed. it. *La raccolta di Lin-chi*. Roma: Ubaldini, 1985, p. 45.

6. Na foliação que estamos usando, definida na nota 3.

7. O comprimento de Planck é extremamente pequeno: 10^{-33} centímetros, mas o raio do cilindro não precisa ser tão pequeno para estar na região quântica. A curvatura no buraco negro é da ordem da massa dividida pelo cubo do raio ($R \sim M/r^3$) e, por isso, se a massa é bastante grande, o raio pode ser grande.

8. A física quântica caracteriza-se por uma única constante, a constante de Planck, que determina essa escala.

SEGUNDA PARTE [pp. 51-73]

1. A ideia de que a estrela que cai no buraco negro pode ricochetear tinha sido antecipada e discutida em C. Rovelli, F. Vidotto, "Planck Stars". *International Journal of Modern Physics D*, v. 23, 2014. Francesca, minha coautora no artigo, teve um papel-chave nesta história. A noção de "Planck stars", ou estrelas de Planck, é retomada em capítulos seguintes.
2. Estão com dúvidas em relação a isso? Esperem a terceira parte do livro. Ali discutimos esses aspectos.
3. Escrevi um livro para tentar responder a essa pergunta como penso ser o melhor possível: *O abismo vertiginoso: Um mergulho nas ideias e nos efeitos da física quântica* (Rio de Janeiro: Objetiva, 2021).
4. C. Rovelli, L. Smolin, "Spin Networks and Quantum Gravity". *Physical Review D*, v. 52, pp. 5743-59, 1995; e "Discreteness of Area and Volume in Quantum Gravity". *Nuclear Physics B*, v. 442, pp. 593-619, 1995.
5. A teoria das representações do grupo $SO(3)$ de rotações do espaço e da sua *maximal cover* $SU(2)$.
6. Relato pessoal de Roger Penrose.
7. C. Rovelli, F. Vidotto, "Planck Stars", op. cit.
8. Não é o seu volume, é a sua densidade que chega à escala de Planck.
9. A mudança de sinal do tempo muda o sinal da velocidade, e não da aceleração, que continua a ser atrativa.
10. Um leitor muito perspicaz terá dúvidas do tipo "mas é improvável...". Mais adiante dedico algumas páginas a essa questão. Por enquanto, falo apenas de possibilidades, não de probabilidades.
11. Essencialmente: mudar as coordenadas.
12. H. Haggard, C. Rovelli, "Black Hole Fireworks: Quantum-gravity Effects Outside the Horizon Spark Black to White Hole Tunnelling". *Physical Review D*, v. 92, 2015, disponível em: <https://arxiv.org/abs/1407.0989>.

TERCEIRA PARTE [pp. 75-107]

1. S. W. Hawking, "Black Hole Explosions?". *Nature*, v. 248, pp. 30-1, 1974.
2. Dissipação, entropia que aumenta.
3. Falei extensamente sobre isso em meu livro *A ordem do tempo* (Rio de Janeiro: Objetiva, 2018).
4. Talvez também outros: Alejandro Perez, em Marselha, estuda a possibilidade de haver dissipação para a geometria na escala de Planck.

5. Pode-se calcular a entropia.
6. A. Strominger, C. Vafa, "Microscopic Origin of the Bekenstein-Hawking Entropy". *Physics Letters B*, v. 379, pp. 99-104, 1996; C. Rovelli, "Black Hole Entropy from Loop Quantum Gravity". *Physical Review Letters*, v. 77, pp. 3288-91, 1996.
7. A entropia é proporcional à área do horizonte, e o número de estados possíveis é determinado pela entropia.
8. O paradoxo da informação nasce da ideia equivocada de que o número total de estados de um buraco negro é medido pela entropia de Bekenstein-Hawking, e assim pela área do horizonte. Essa é uma versão extrema da "holografia". Portanto, a evaporação reduz o número de estados: no tempo de Page, não há mais estados suficientes para purificar a radiação de Hawking. A entropia de Von Neumann deve começar a cair, dando origem à curva de Page. Assim, deve haver um mecanismo que faça a informação sair. Esse argumento baseia-se em dois pressupostos equivocados. O primeiro é que a entropia de Von Neumann é sempre menor que a entropia termodinâmica. Isso só é verdadeiro para os sistemas ergódicos, e a dinâmica num buraco negro certamente não é um deles, em virtude da sua estrutura causal que não permite a equipartição da energia entre interior e horizonte. A parte do sistema causalmente desconexa continua a contribuir para a entropia de Von Neumann — por emaranhamento formado no passado —, mas não para a termodinâmica. Quando o horizonte evapora, sua entropia termodinâmica aumenta, mas a entropia de Von Neumann não, e permite que a informação permaneça no interior. O segundo pressuposto errado é que o horizonte é um horizonte de eventos. É um horizonte aparente, mas o fato de ser ou não um horizonte de eventos depende da gravidade quântica porque a curvatura externa se torna planckiana *antes* do fim da evaporação. As deduções sobre o tempo de Page dependem do fato de haver um horizonte de eventos, logo de hipóteses (equivocadas) sobre a gravidade quântica. O cálculo do número de estados em teoria das cordas diz respeito a um buraco negro eterno, portanto só horizontes de eventos. Diz respeito ao número de estados *distinguíveis de fora* – onde estão os observáveis nesta formulação. São estados do horizonte, não estados do que está no interior. A informação permanece no buraco negro. Sai depois que este se transformou num buraco branco capaz de viver por muito tempo.
9. Talvez possa ocorrer até antes, quando o horizonte ainda é bastante grande — não sei ao certo.
10. Um buraco branco muito pequeno (massa de Planck) é estável graças à gravidade quântica.
11. Falei extensamente sobre isso em *A ordem do tempo*, op. cit.
12. Produz entropia.

13. Maiores detalhes em C. Rovelli, "Memory and Entropy". *Entropy*, v. 24, n. 8, 2022, disponível em: <https://doi.org/10.48550/arXiv.2003.06687>.
14. Produz entropia.
15. B. Espinosa, *Ética*, apêndice à primeira parte.
16. Ibid., segunda parte, escólio à proposição 35.
17. C. Rovelli, "The Old Fisherman's Mistake". *Metaphilosophy*, v. 53, pp. 623-31, 2022.
18. Desequilíbrio é informação, porque quanto maior é o equilíbrio, maior é o número de microestados, e menor a informação contida no estado macroscópico.
19. A baixa entropia do passado é a fonte última de toda a informação contida em cada traço ou memória.
20. A distinção entre causas e efeitos não tem significado na descrição microscópica dos fenômenos. No nível dos fenômenos microscópicos existem regularidades, leis físicas, probabilidades, e essas noções não distinguem entre passado e futuro. A distinção entre passado e futuro é uma propriedade da história do universo descrita pelas variáveis que chamamos macroscópicas. Só para elas podemos falar de causas.
21. Um tempo da ordem de m^3 em unidades de Planck, em que m é a massa *inicial* do buraco negro.
22. Um tempo da ordem de m^4 em unidades de Planck.
23. Buracos brancos macroscópicos são instáveis. Ao contrário, buracos brancos da massa de Planck são estabilizados pela gravidade quântica. C. Rovelli, F. Vidotto, "Small Black/White Hole Stability and Dark Matter". *Universe*, v. 4, p. 127, 2018.

Créditos das imagens

p. 16: *Hal retratado por Fausto Fabbri*, por gentil concessão do autor; p. 20: *Jansky Antenna*, Papers of Karl G. Jansky/ © NRAO Archives; p. 23: *buraco negro Sgr A**, © ESO/ EHT Collaboration; p. 26: imagens feitas por Sean Baker, CC BY 2.0; p. 27: *David Ritz Finkelstein retratado por Alan David* (1984), Alan David, cortesia de Aria Ritz Finkelstein; p. 31: *Melancolia I* (1514), de Albrecht Dürer. Nova York, The Metropolitan Museum of Art.

Índice remissivo

Os números em *itálico* remetem às notas.

Anaximandro, 33, 35-6, 44-6
Aristarco, 33-4
Aristóteles, 33-4, 44
Armstrong, Neil, 45

Beatriz, 62, 103
Bekenstein-Hawking, entropia de, *111*
Bell, companhia telefônica, 20
Big Bang, 64, 105, 107
"Big Bounce", 64
Boltzmann, Ludwig, 81
bruxaria, 24
budismo *chan*, 39
buraco negro/buracos negros: como centro da nossa galáxia, 22; evaporação, 78; paradoxo da informação nos, 83; pequenos, 19

campo: eletromagnético, 47; físico (Faraday), 35
Christodoulou, Marios, *109*
Collins, Michael, 45

cone formado pela sombra da Terra, 45-6
Copérnico, 34, 46, 48-9, 98

Dante, 17-8, 32, 36-7, 62, 103; Purgatório, 62; *Quaestio de aqua et terra*, 65
decisão, processo de, 96
desaprender, dificuldade de, 33
desequilíbrio, 101
Dirac, Paul, 72
distinção entre causas e efeitos, *112*
dogma, 82
Dürer, Albrecht, 31-2, 58; *Melancolia I*, 31

Einstein, Albert, 7, 14, 16-9, 22-6, 30, 35, 46-8, 57, 61, 64, 70; equações de, 39-43, 46, 49, 54-6, 60, 69-70
energia, 81; inicial de uma estrela, 87; livre, 92, 94-5; negativa, 87
entropia, *110-2*

equilíbrio, 100
espaço: distorção do, 35; geometria do, 35-6; propriedades quânticas do, 60-1
espaço-tempo, encurvamento do, 29
Espinosa, Baruch, 97; *Ética*, 97
estados, número de, 111
estrelas: que terminaram de queimar, 19-20; rebote das, 64
estrutura conceitual, evolução da, 47, 49
Euclides, 34, 36, 45, 79
evolução, 49

Faraday, Michael, 34-5, 47
Finkelstein, David, 27, 30, 36, 58-9, 68, 70, 83
força, 34-5

Galileu Galilei, 33-4, 44; *Diálogo sobre os dois máximos sistemas do mundo ptolomaico e copernicano*, 33
Gandalf, 69, 84, 104
grãos elementares de espaço, 57
gravidade quântica em loop, 56, 60-1, 64
grupo SO(3), 110

Hal, 14-6, 40, 43, 53, 60, 66, 68-9, 71, 77, 103, 107
Hawking, Stephen William, 78, 81-2, 84, 111; radiação de, 79, 81, 84, 86-7, 90, 111
hidrogênio, nuvem de, 104
Hiparco, 45
horizonte: aparente, 111; de eventos, 111

Índia, 103-4

informação, 80-2, 88
intuições naturais, 33
irreversibilidade, 78-9, 92-3

Jansky, Karl, 20-2; antena de, 23; carrossel de (Jansky's merry-go-round), 20-1

Kant, Immanuel, 101
Kapoor, Anish, 48
Kepler, Johannes, 24, 34, 46; mãe de, 24; *O sonho*, 24

Lesbos, ilha de, 44
Linji Yixuan, 39; "Se encontrar Buda, mate-o", 39
Livro da selva, O (Kipling), 103
loops, teoria dos, 82

Mach, Ernst, 81
Maiakóvski, Vladímir, 22
Marselha, 14-5, 43, 54
matéria escura, 107
maximal cover SU(2), 110
Maxwell, James Clerk, 34-5, 46
moísta, escola, 47
moldador de Murano, 79
Monte Bianco, 89
movimento "natural", 34

NBC, rádio, 22
New York Times, 22
Newton, Isaac, 18, 34, 47

"Old Fisherman's Mistake, The" (Rovelli), 112
olhos da mente, ver com os, 24, 46
ordem das coisas, mudança da, 49

Page, Don Nelson: curva de, *111*; tempo de, *111*
Penrose, Roger, 57-9, *110*
pensamento analógico, 47
Perez, Alejandro, *110*
perspectiva, descoberta da, 31
perspectiva, mudança de, 44-5
Planck, Max: área de, 106; escala de, 42, 64, *109-10*; estrela(s) de, 64, 70, 78-9, 86-8, 90, 104, 106, *110*; massa de, 106, *111-2*; unidade de, *112*
Polifemo, 84
processos irreversíveis, 78; ver também irreversibilidade

quanta de espaço, 57-8; ver também grãos elementares de espaço
queima nazista de livros (10 de maio de 1933), 22

relatividade geral, teoria da, 35, 59
relógios que param, 28
Renascimento, 31
reputação científica, 72
Rilke, Rainer Maria, 106

Safo, 48
Schwarzschild, Karl, 16-8, 25-8, *109*
sentido das palavras, 103
singularidade, 40; *no centro*, 43; zona singular, 43, 54

sioux, 104
Smolin, Lee, 59, *110*
spin: espuma de (*spinfoam*), 65; redes de, 57-9
Strominger, Andrew, *111*

tempo(os): assimetria do, 96; dilatação do, 47; direção do, 89; distorção devida à gravidade, 29; distorção do, 35; fim do, 42; geometria do, 35; relação entre os, 30
tentando e tentando de novo, 46
Teofrasto, 44
Tonin, Mario, 15
traços, 94-5
tunelamento, 15, 60

Ulisses, 36, 84
universo, fim do, 62

Vafa, Cumrun, *111*
Vermeer, Jan, 48
Verona, 59, 65; Biblioteca Capitular, 65; Palazzo della Ragione, 65
Vidotto, Francesca, *110*, *112*
Virgílio, 17-8, 37, 39, 43, 62
Von Neumann, entropia de, *111*

Wikipédia, 44

Zhuangzi, 47

ESTA OBRA FOI COMPOSTA PELA ABREU'S SYSTEM EM INES LIGHT
E IMPRESSA EM OFSETE PELA LIS GRÁFICA SOBRE PAPEL PÓLEN BOLD
DA SUZANO S.A. PARA A EDITORA SCHWARCZ EM MARÇO DE 2024

A marca FSC® é a garantia de que a madeira utilizada na fabricação do papel deste livro provém de florestas que foram gerenciadas de maneira ambientalmente correta, socialmente justa e economicamente viável, além de outras fontes de origem controlada.